U0922924

謹以此書獻給中國蔬菜界前輩山西農業大學園藝學院教授蔣毓隆先生

辛卯春月 [illegible]文

Sheshishucaijishujiangzuo

设施蔬菜技术讲座

主　编　蒋德宁

副主编　温祥珍　肖虎善　段瑞荃

王万庆　李甲新

山西出版集团

山西人民出版社

编委会

推广大棚蔬菜种植
加快设施农业发展

張秀生 二○○五年

轉變農業發展方式

推動農業科技進步

歲在辛卯年春月 劉志宏書

序 言

设施蔬菜产业是发展现代农业的主抓手，也是建设现代农业大市的一项基础性产业。山西省委、省政府对设施蔬菜建设非常重视，省委书记袁纯清提出在全省实施“设施蔬菜百万棚行动计划”，省政府于2010年7月在阳高县召开了全省设施蔬菜建设现场会，配套出台了相关激励政策。晋中市委、市政府立足于晋中资源区位优势，高度重视、高位推动设施蔬菜产业发展，市委书记张璞同志批示：“我市要对菜篮子工程进行认真研究，制定办法，提档升级，大打一场蔬菜产业的翻身仗。”通过组织赴山东寿光、运城新绛、大同阳高等地的调查研究、考察观摩，制定出台了《晋中市人民政府关于贯彻落实全省“设施蔬菜百万棚行动计划”加快推进设施蔬菜发展的实施方案》，明确提出“十二五”期间，每年新发展设施蔬菜6万公顷，建成50万公顷设施蔬菜基地的奋斗目标，将晋中打造成为全省最大、全国精品的绿色蔬菜生产基地和太原市民放心的菜园子。全市设施蔬菜产业发展步入了一个崭新的春天。

2010年是全市设施蔬菜快速发展的一年，经过全市上下的共同努力，当年新发展设施蔬菜3.8万公顷，累计达到12.7万公顷，是全市有史以来当年新增面积最多的一年。随着设施蔬菜产业的快速发展，现有技术队伍和服务能力已远不能满足产业发展的需要,也在一定程度上影响了蔬菜效益。而且随着设施蔬菜产业的连年推进,对技术需求与日俱增。为有效解决这一问题,我们委托市科协、市蔬菜中心、市老年科技工作者协会、市扶贫开发协会联合编写了这本《设施蔬菜技术讲座》,作为蔬菜技术培训的实用教材和广大设施蔬菜爱好者的科普读物。

参加此书编写的作者中,有多年从事设施蔬菜工作的新、老专家,也有直接从事这项工作的基层领导和农民技术员。他们既有较高的理论水平,又有丰富的实践经验。本书具有较强的针对性、实用性和可操作性,而且通俗易懂。相信它的出版,对菜农种植技术的提高,对缓解种植技术供不应求矛盾,对推动设施蔬菜健康发展会发挥很大的促进作用。

乐此为序,以志祝贺。

晋中市副市长 黄耀春

二〇一一年四月

目 录

第一讲　蔬菜设施的建筑施工

第一节　发展设施蔬菜的意义

一、发展设施农业的意义

人们很难改造自然,但可以利用自然,设施蔬菜栽培就是人们巧妙地利用建筑材料的组合，有效地利用太阳光能而达到生产的目的。设施蔬菜的范围包括日光温室、加热温室、大棚、中棚、改良阳畦、小弓棚等。其中冬暖式高效节能日光温室栽培起源于海城,发展于寿光三元株村,推广已到全国各地。这是中国蔬菜科技工作者和广大菜农对世界园艺界的革命性贡献。它不但解决了北方冬春季蔬菜淡季供应难题，更为许多贫困地区靠温室致富做出了示范样板。如山西晋中市榆次区北田镇的朱村,年轻的党支部书记赵丽琴克服诸多困难，硬是靠温室使全村脱贫致富,把一个仅人均收入 1600 元的小村几年间修起 150 个温室,现人均收入高达 6500 元,成了远近闻名的社会主义新农村样板村,本人也成为感动晋中的优秀人物。目前,全国已有设施蔬菜 134 万公顷,晋中近几年已达 1.27 万公顷。为什么在农业相对低效的大背景下,设施蔬菜能一枝独秀,发展它有什么意义和如何去发展,现在就请大家和我们一同来商榷。

首先是它的效益高:设施蔬菜一般来说效益都比较高,这正是它二十多年获得大面积推广的根本原因。和亩产千斤的玉米田相比,小弓棚可增收 3~5 倍,大棚可增收 5~10 倍,而日光温室则增收达 10~30 倍。

其次是它的适应性广：温室一般适应在北纬 35 度至 43 度的广大地域推广,无论在严寒的东北,干旱的西北和高海拔的青藏高原及广袤的华北平川它都适用，就一个区域来讲，平川可成片搞园区，就是在丘陵区也可搞旱垣温室。如山西晋中市太谷县在范村镇就成片研发旱垣温室因效益好，还上了中央电视台。

最终是它的技术：设施蔬菜技术广大农户容易掌握。说它是易掌握并不等于设施蔬菜的技术含量不高，实际上它是从实践中摸索出来的，有高科技含量的成果，其科技成分已充分体现在成形的结构中和成型的技术操作规范中。只要按照规格去修建或按照规则去操作你就可以掌握，就如同我们并不需要掌握电脑的运作原理，只按说明操作鼠标就会享受电脑的高科技便利一样。设施蔬菜技术是需要用心去观察和在生产实践中不断摸索和总结的无止境的过程。一般的掌握容易，真正和实际结合能随因素的变化而采取适当策略并不是件简单的事，进了设施栽培就像给了你个创新的平台，如何利用知识去创造更多的价值就看你掌握科技的能力和水平。在我国众多的设施栽培农户中，已有黄瓜年产量高达亩产3万公斤的记录，也有靠多茬立体栽培创亩年收入10万元的惊人水平。

二、发展设施农业的措施

要想使设施栽培获得最大的经济效益我们还是主张要遵循规模化经营、专业化生产、模式化管理和基地化发展的准则。

（一）规模化经营

规模化是现代化的体现，从区域经济来讲，要讲究有一定的规模。无论是温室、大棚和小弓棚都应适应市场的需求把规模做大做强，还应规划适当面积的市场、储藏和加工能力，以便降低生产成本，提高市场的竞争能力。规模还体现在单栋温室的规模上，现在有逐渐扩大之势。早几年的7350（指跨度7m、脊高3m、长度50m）正被8480和105100所取代（指跨度8m、脊高4m、长度80m和跨度10m、脊高5m、长度100m）。当然，温室容积的扩大也不能太盲目，要与管理水平，环境调控能力和机械化操作相配合，应做到人与物的最佳配合，使生产成本降到最低。

（二）专业化生产

按市场规律应是越专业化，生产成本越低，市场竞争力越强。我们应逐步创造和培育一县一品的设施种植模式，起码也应先从一村一品逐步过渡到一乡一品。设施栽培其实是市场性很强的生产，如果没有一定的专业化生产就形不成种植经验的积累，也难以创造出有影响的市场品牌。虽然晋中市已形成如榆社东庄的白灵菇温室，太谷范村的佛手瓜，榆次北田的西红柿和祁县西六支，榆次庄子的黄瓜，榆次东赵的茄子、豆角等集中产地，但专业化水平都达不到创品牌的集中度，更不用说创名牌。专业化还体现在生产的分工上，现在应形成育苗工厂化、植保专业队化、收获和运输专业化的格局。榆次车辋的育苗温室已形成年育苗2000万株的能力。太谷北洸、榆次乌金山等也在筹建工厂化育苗基地，这都是好的起点。只有专业化生产的大格局，才能提升专业生产水平，达到现代化的生产目标。

（三）模式化管理

设施栽培是科技含量较高的栽培技术，虽然受环境因素的影响人们要靠实践去逐步摸索才能达到生产目的。但相对于大田，它毕竟在人为环境中保护性地生产，所以已往也把设施栽培称为保护地栽培。在这样的环境中经多年的积累已总结出了一套可在不同环境中得以优质高产的模式化栽培技术，这是科技工作者和农户宝贵的经验结晶。我们把这些结晶按生产过程分步实施，实现专业化、数量化、程序化管理，是提高设施栽培生产效率的主要途径。设施栽培生产效率主要体现指标是土地生产效率、资金生产效率和劳动生产效率三项指标，当然还包括能源利用效率、CO_2利用效率、光能利用率和作物生产效率以及设备利用率等等指标。目前,山西省晋中市蔬菜技术服务中心已和国家标准部门制定了设施化的黄瓜、西红柿、甜椒、胡芹等标准化栽培模式,大家可以摸索、参考。

(四)基地化发展

追溯各地设施栽培的发展历史,我们不难发现在总趋势大发展的同时,也有许多搞过设施栽培的农户和村庄已不在其中了。究其原因,或管理不善致使效益低下而放弃,或把握不住市场信息而卖不上好价钱而退出,或因结构不合理生产率不高而停业。总之,可以看出设施栽培正向集中连片在发展,只有集中成基地式的发展,才会形成技术服务的优势,才会达到物流供应的优势和造成产供销一体化的突出优势。目前,有不少地方正形成新的设施栽培投资热潮,而且其中不乏工业企业的成功人士,他们熟练地利用资本运营技术加上工业化的自动操作技术及大市场的物流技术,使设施栽培基地化的倾向更加明显,各级政府在引导中也更加注重向基地化发展,这些都必将使设施栽培更加完善和进步。

第二节　设施修建的原理

以冬暖式日光节能温室为主要形式的设施栽培其目的很简单,就是一个"进"一个"保"两点。进:就是让阳光如何能多进温室,保:就是把进来的阳光热能如何保在室内尽量减少外泄。整个温室的修建和操作程序都围绕着"进"和"保"在展开。

一、"四度"定乾坤

一个温室结构的好与差就看它的"四度"合理不合理。这"四度"就是方位角、主采光角、前坡底角和后坡仰角。

（一）方位角

温室的方位指温室屋脊的走向，一般是坐北朝南、东西延长，这样可以在冬春季节接受较多的阳光照射。为了提高温室的采光性能，方位角的偏向也必须注意。由于从地球运转方面看，每向东或向西偏斜 1°，太阳光直射时间就会提早或推迟 40 分钟，如正南方多照射 40 分钟，就会多蓄热量，有利夜间保温。当然，如把方位角定成正南偏东 10°，会使早晨提前照射到阳光，但在严寒季节，为了保暖，大多不会早揭帘，所以偏东实际意义不大。因此节能温室首先要确定的方位角是正南偏西 5°~10°。要注意的是：这里所指的南北是正南正北，如果是用罗盘仪或指南针测定方位，则需把当地磁盘角扣除。才会得到正确的正南正北数据。要是有些农户没有罗盘仪如何来确定方位呢？可以采用"日圭"法测定。具体可以这样操作：在场地上选一块平地，垂直插一根细木棍，从北京时间 12 点开始，每隔 8 分钟将木棍的投影画在地面上，一直画到 14 点结束。地面上最短的投影基本上就是正南方向。误差一般不会超过了 2°，然后依据正南方向确定 偏西角度即可。

（二）主采光角

主采光角也称屋面角，指温室主采光面与地面形成的水平夹角。是影响温室进光和温度的主要因素，其在一个区域的角度应用下列公式以表示：

$\alpha=23.5°+$（当地纬度 $-10°$）$1/2\pm1°$（注：± 是为了防止温室过高或偏低，在北纬 40°以北地区要 -1，在北纬 35°以南地区要 +1）。如在太行山区腹地的榆社县修造日光温室，设计温室的主采光角度就是：$\alpha=23.5°+(37°-10°)\times1/2=37°$。

采光角是修建温室特别注重的角度，有些农户想覆盖多些土地，就想当然地把跨度提到10m以上，但为了减少投资又舍不得把脊柱提高，这样仍是3m的脊高就形成坡面平缓，造成主采光角缩小，阳光照射被反射出去，结果温室增大温度上不去，影响了产量，而且坡面太平也不利积雪滑落，容易压塌温室，还造成拉帘十分困难。所以在温室的设计时一定要把握好此点。

(三)底角

指温室前坡与地平面所形成的夹角。一般设计在60°~70°之间，这个角度有利于温室南面地边的利用，也便于草帘的拉放。

(四)后坡仰角

这是个比较有争议的角度。有的人强调保暖把仰角的设计得少于30°，这样后坡低矮，一便于修造，二也的确有一定的保温作用。但我们还是主张后坡仰角要尽量达到45°为宜。后坡仰角是后坡与地平面所形成的夹角。达到45°时，在冬季它可以使斜照进来的阳光照到后墙之上，这样可增加光能和提高温度，后墙所积蓄的热量夜间又会缓慢放射给温室内，实际上更有利于夜间保温。

这“四度”决定了温室的走向和坡面形状。

二、设施场地的选择与规划

(一)场地的选择

以日光温室为主的设施蔬菜包括大棚、中棚和改良拱棚等设施，由于栽培时间相对较长，对环境要求较高又受市场制约，因而在建造前都要慎重选择场地，大致要求五点。

第一点：首先考虑土地条件。一个区域准备投资设施蔬菜，首先要看土地条件如何。由于设施栽培主要依靠太阳光能为主要能源，所以先选择阳光充足且又抗风背风的地点，还要参阅气候资料避开冰雹线。地形要开阔，东、西、南均无高大树木、建筑物和山冈遮阳。

第二点:环境因素。要远离工矿企业,以减少透明覆盖材料的污染,特别要注意不让土壤、水源和空气受到污染造成蔬菜生产的损失。

第三点:设施群体要尽量考虑市场因素,要建在公路干线附近。交通要方便,有利当地市场的建设和产品销售。

第四点:设施群体要考虑社会经济条件,要有较好的水源和方便的电源,还要能排灌。

第五点:单个的温室选择地势要高,能在丘陵区利用梯田修建最好。这样利用坡地做后墙,既可增加保温又向光。如山西太谷县范村镇的旱垣温室已成规模,很值得推广。

(二)场地规则

场地确定后就要进行科学合理的规划,这里要注意三点:

第一点:做好田间规划。根据地块的大小,搞好平面规划,在确定好方位角后,按东西向依次排开。先规划好主干道,主干道的宽度应达到 8m,依每 316m 划区,每 200m 中间留 4m 的走道,两排 100m 长的温室山墙相连。这样顺延下去,依地形调节最后一排两栋温室的长度。南北之间的走道可依据实际情况设计,一般要每 5 排之间设宽 4m 的东西向走道,每三条走道中安排一条与南北主干道一样宽的 8m 走道。

第二点:设计好温室的间距。温室之间的南北距离称温室间距,当大面积规划温室时,间距对土地利用率影响很大。间距太大,浪费土地;间距过小,影响冬季光照。计算间距主要考虑的是冬季的太阳高度角,一般传统的实际温室间距应是温室脊高加草帘粗度的 2~2.5 倍,详细的计算则应用下列公式:

温室间距 $=H/\tan\alpha$

其中 H:温室脊高 + 草帘粗度,

α:当地冬至时的太阳高度角。

第三点:辕房的修建。辕房也称操作间,合理的安排是在各排温室的北边墙体的西头,按 3m×3m 的大小修建。顶部做成平房,以便在夏季堆放撤下的草帘。辕房门可开在北墙或西墙,进温室的门设在温室后墙面,要注意不要与辕房门对开。门不得过大,门宽 60cm,高 150~160cm 即可,门要建双门,封闭要严。在温室后墙的外沿和内沿相距应在 100~120cm,这样进出都可以先进一门关一门,再关一门进出,避免了内外的直流,对保温能起很好的作用。

第三节　冬暖式节能日光温室的修建

一、钢竹结构有立柱日光温室的建筑施工

钢竹结构日光温室一般长 70~100m,跨度 10m,脊高 4.5~5m,经济适用,适合广大农村推广。

图 1　温室园区例图

图 2　温室园区道路

(一)修建时间

从春季到秋季均可修建，一般要避开雨季，秋季修建应晚中

表 1　日光温室建设主要材料表(2009 年)

材料名称	数量	单位	单价(元)	价格小计(元)
钢架	20	根	285	5700
竹竿	300	根	2.5	750
钢绞线				1100
后坡				900
细绑丝	30	Kg	7	210
滑轮	30	个	0.5	15
卷帘机				3500
绳子				80
拉绳	50	根	10	500
人工费				2500
棚膜				2100
压膜线	3	卷	50	150
砖	300	块	0.2	60
草帘				3700
打土后墙				2300
合计				23565
温室规格	棚内长:57 米 棚内宽:8.96 米 占地:1.5 亩 实种面积:0.8 亩			

(备注:占地包括棚前空地)

求早，以早为好。适宜在日平均气温 14~16℃前竣工，有利于墙体干透，秋季修建过晚墙体不易干透，扣膜后会增加室内湿度，容易发生病害，土墙还会因冻融剥离而受损。

（二）温室建筑材料准备

钢管料以 1.5 吋为宜，钢筋料 10#、下弦 12# 螺纹钢为宜，焊接成形后需涂防锈漆，竹竿以直径 2cm 左右的细杆为宜，长度 4m、5m、6m；配备长度 3m、4m 竹皮即可。主要材料见表一。

（三）建筑墙体

日光温室的方位以正东直西偏西 5°~10°为宜，墙体为土筑墙，采用机械施工。底宽 6m，顶宽 2m，高 4m 左右，温室内侧墙体坡度为 10°~15°，外侧墙体坡度 45°。就地取土筑墙，每加高 30cm 用推土机碾压一次，使墙体紧实，筑好后人工铲齐。

（四）主拱架安装

主拱架间距 3.6m。将安装主拱架的后墙上部和地下部，分

图 3 钢竹结构日光温室施工图

别用砖、水泥、沙浆砌成长宽高各 30cm 的基座，从两边山墙开始逐个安装主拱架，并从两边主拱架顶和前窗确定位置，以保持主拱架的高度角度一致，并用水泥固定。

（五）埋立柱

主拱架下有 3 排立柱，起支撑温室的作用，立柱为钢筋混凝土预制件，横断面为 12cm × 12cm，埋入土中 0.5m，立柱下垫基石，防止下沉。前、中柱分别位于温室的 1/3 处和 2/3 处，后立柱位于后墙基部，向北倾斜 15°。因承担后坡的重量，两主拱架中间增加一根后立柱，上部与后坡檩条固定。

（六）建造后坡

后坡宽 1.5 m 左右，两主拱架中间加一根檩条，檩条长 2m，埋入墙内 0.5m，上端向下 30 cm 处与后立柱连接固定，后坡上

图4 钢竹结构日光温室俯视图

每隔 10 cm 拉一根钢丝，用 16# 铁丝与主拱架固定，钢丝上铺棚膜，填 25cm 厚秸秆，上盖棚膜把秸秆包紧，棚膜上再盖土踩实并抹麦秸泥，作成南高北低平缓的斜坡，方便出水和放置草帘。

（七）建造前坡

1.安装前屋面钢丝

在两山墙外侧各挖一条深 1.5m 的地锚沟，地锚用 6# 钢筋绑大石块填土夯实。在两山墙顶部外侧放置垫木（直径 8~10cm），防止钢丝拉入墙体，钢丝用紧线机拉紧固定在两山墙外的地锚上，并用 16# 铁丝与主拱架固定。钢丝直径 2.6~3.0mm，每根钢丝的间距为 20cm。

2.上竹竿

按 50cm 间距，用 16# 铁丝将大头直径 2cm 左右竹竿与每根钢丝固定，在上竹竿前要将每根竹竿的骨节用刀削整光滑，以防伤损棚膜。

（八）塑料薄膜的选择与扣棚膜

1.塑料薄膜的选择

选择和使用好的塑料薄膜对日光温室的采光有直接的影响。

塑料薄膜的透光率因其所用树脂原料、助剂种类与数量、质量、厚薄及其均匀程度，以及是否具有无滴性等的不同而有很大差别。在使用中，薄膜的污染、老化和露滴附着状态不同，对透光率有很大影响。

目前主要的塑料薄膜有聚氯乙烯薄膜（PVC）、聚乙烯薄膜（PE）、醋酸乙烯薄膜（EVA）和聚烯烃薄膜（PV）。聚氯乙烯薄膜保温性和透光性好，柔软易造型，有弹性耐拉力强，但易吸尘污染，比重大，成本高，残膜不能降解和燃烧处理。聚乙烯薄膜也易造型，透光性好，不易吸尘，无毒，比重小，造价低，但弹性较差。耐拉力较差，耐候性和保温性差，易老化，易吸附水滴。醋酸乙烯薄膜透光性、保温性和耐候性均好，不易污染，抗老化性强，老化前不变形，目前生产上较多使用。聚烯烃薄膜由聚乙烯和醋酸乙烯合成，该膜综合了聚乙烯和醋酸乙烯的特点，具有抗老化性能好和透光率高的优点，强度大，燃烧处理不散发有害气体，该膜是适合于温室覆盖的新型薄膜。

2.扣棚膜

选择晴朗、无风、温度较高的天气，扣膜前先把膜置于阳光下晒软，然后用两根光滑竹竿分别卷起膜的两头再左右同步展开放在前坡架上，当棚顶和前窗的人都抓住棚膜时，两头的人同时拉，把膜绷紧，把卷膜的竹竿分别固定在山墙外边的钢丝上。温室前窗膜垂直到地面后，用土压实。

棚膜分上下两块，两块连接处扒缝通风，上面棚膜的上端用麦秸泥固定在后屋面上，下端压住下面的棚膜 20~30cm，下面的棚膜的上部固定在竹竿和主拱架上，下端埋入土中 30cm。

（九）上压膜线

在棚膜每隔 1.2m 用一道压膜线拉紧，以防大风。

（十）安装卷帘机及草帘

1.草帘的排布

草帘一般要求厚薄均匀，长短一致，捆紧后垂直固定于卷轴并按两底托一浮的要求依次排放，草帘两边相交量要保持一致。

2.绳带的铺设

绳带的一端固定于棚顶地锚钢丝上，另一端固定于棚下卷帘机的卷轴固定桩上，要求捆绑过程中绳带松紧与工作长度保持一致。

3.安装卷帘机

卷帘机安装点应选定在温室大棚前的中间部位，安主机输出端靠向大棚方向，便于臂杆的连接，电机端指向棚外。将按要求摆好的草帘垂直平铺在大棚上，且低帘下边所辅绳带要上露40cm以上。将联好的机器连同卷轴抬起放到草帘表面上，要求卷轴一定顺直，上下左右不得有弯曲现象。装好后接通电源进行调试，直到正常运作。

图5　温室卷帘机

(十一)挖防寒沟

防寒沟能有效地阻挡棚内土壤热量外传，防止棚前沿的作物根系受低温伤害。故此，防寒沟是冬季温室的重要结构部分。具体做法是在温室前沿外侧挖一条深40cm、宽40cm、长与棚长相同的沟，整平沟底后垫入一层旧塑料，以防地下水分上返，然后填入40cm厚并压实的秸秆、杂草等保温材料，用旧塑料薄膜包紧，作成保温层，上面用土盖住。

二、无立柱钢竹骨架日光温室的建筑施工

(一)场地选择

日光温室应选择地形开阔,光照充足,通风条件好,供排水方便,水质优良,土质肥沃,交通便利,电源条件好,周围无污染的地块建造。

(二)场地布局规划

1.温室方向

节能日光温室坐北朝正南,因地形不同可偏东或偏西 5°~10°,一般以偏西 5~10°为好。

2.道路布局

东西延长温室群以南北向路为主,在路东西两侧建两排温室,对称排列。

3.温室间距

前后两栋节能日光温室之间距离的确定原则为前排温室不影响后排温室采光。其间距 D 一般为脊高的 1~1.2 倍。或者是前排温室最高点与后排温室基部的水平距离 L+D,为前排温室脊高的 2.5~3 倍。

4.采光屋面角

采光屋面角度包括地角、前角、腰角、顶角,其中地角 80°~85°,前角 40°~70°,腰角 30°~33°,顶角一般不小于 12°。

5.后屋面角

后屋面仰角为 40°±2°。

6.跨度

温室内前屋面底部与后墙基部的跨度距离为 10m。

7.脊高

脊高应为 4.7~5m。

8.后墙高度

后墙外侧高 4.0 ~ 4.5m。高寒地区可将温室内地面降低到冻土层以下。

9.温室长度

一般以 80~100 米为佳。

10.棚内地面高度

棚内地面为半地下式,瓜菜棚低于棚外地面 0.3~0.5 米;果树棚低于棚外地面 0.5~0.8 米。

(三)无立柱钢(竹)骨架结构特点

1.钢架竹木混合结构特点

主拱架、后立柱、后坡檩条由镀锌管或角铁组成,副拱架由竹竿组成。其中主拱架由直径 27mm 国标镀锌管(6 分管)2 ~ 3 根制成,副拱架由大头直径在 2.5cm 以上、长度 6m 的竹竿,也可用 pvc 管或铝塑管制成。立柱由直径为 50mm 国标镀锌管制成。后横梁由 50mm × 50mm × 5mm 角铁或直径 60mm 国标镀锌管(2 吋管)制成。后坡檩条由 40mm × 40mm × 4mm 角铁或直径 27mm 国标镀锌管(6 分管)制成。或主拱架采用钢管焊接,上弦为直径 25 毫米镀锌钢管(管壁厚度 3 毫米),下弦为直径 12 毫米的钢筋,上下弦间距为 20~25 厘米,拉花为直径 12 毫米的钢筋,拉花间距为 20~25 厘米。或弧长 11.49m,上弦用国标 1.5 吋以上厚壁钢管(壁厚 3mm 以上,推荐使用镀锌管)、下弦 12# 螺纹钢、斜拉杆 10# 钢筋制作的钢屋架,主拱架后坡长 1.4m,用材同前。主骨架间距 2 米,每隔 0.5 米配一组副拱架。

2.全钢架结构特点

整个骨架结构为钢材组成,无立柱或仅有一排后立柱,后坡檩条与拱梁连为一体,中纵肋(纵拉杆)3 ~ 5 根。其中主拱梁由直径 27mm 国标镀锌管 2 ~ 3 根制成。副拱梁由直径 27mm 国标镀锌管 1 根制成。每间隔 3 米设立一组主拱架，副拱架间距 1~1.4 米。中间立柱由直径 50mm 国标镀锌管制成。

3.冷拔丝

8# 冷拔丝。纬拉线锚件：长 8m、高 60 ~ 80cm，上宽 40cm、下宽 50cm 的混凝土预制件，上有 8# 钢筋作成直径 2cm 拉钩 70 个。

4.主拱架基座

下底直径 30cm、上底直径 25cm、高 20cm 的圆柱状混凝土预制件，也可作成下底 30cm × 30cm、上底 25cm × 25cm、高 20cm 四棱台，上底中间卡槽长 18cm、宽 2cm、深 5cm。

(四)施工步骤

1.放线

平整地面后，确定温室方位角、温室跨度、长度、山墙位置、缓冲房面积、位置，然后定桩放线。

2.建墙体

墙体为空心砖墙。为了保证空心砖墙墙体的坚固性，建造时首先需要开沟砌墙基。挖宽约为 100cm 的墙基，墙基深度一般应距原地面 40 ~ 50cm，然后填入 10 ~ 15cm 厚的掺有石灰的二合土，并夯实。之后用红砖砌垒。当墙基砌到地面以上时，为了防止土壤水分沿着墙体上返，需在墙基上面铺上厚约 0.1mm 的塑料薄膜。

在塑料薄膜上部用空心砖砌墙时，要保证墙体总厚度为 70 ~ 80cm，即内、外侧均为 24cm 的砖墙。墙身高度为 2.5 米，用空心砖砌完墙体后，外墙应用砂浆抹面找平，内墙用白灰砂浆抹面。为了增加墙体保温性，中间夹一层保温苯板，空隙添夹蛭石或土，或者在墙体外侧筑土堆保温。

山东Ⅲ型等内跨度 9m 以上的日光温室大棚，北墙应设通风窗，即在距地面150cm处，设50cm×40cm的通风窗，12月至2月期间应关闭封严通风窗。

3.立钢架

(1)挖坠石沟：墙体建成后，在两山墙外1.5~2米处，各挖一道长6米、宽0.5米、深1.5米的坠石沟，埋入坠石(或纬拉线锚件)，坠石上接好铁丝。

(2)钢竹混合结构：每隔2米立一钢架，前底角埋入地下0.2~0.3米，后坡底端立于距北墙内侧0.3~0.4米处，用混凝土埋固。钢架间，在屋脊处东西向焊接两道平梁，上平梁用直径25毫米的镀锌钢管焊接在钢架弦下面，下平梁用直径12毫米钢筋焊接在钢架的下弦上面，上下平梁间用直径12毫米钢筋作拉花，间隔0.3米焊接一道。

(3)铺设钢丝、竹竿：前坡铺设直径2.6毫米钢丝35~40根，固定在钢架上下弦上，上密下稀，间距0.3~0.6米，两端接紧固定在山墙外预埋的坠石上。前屋面间隔50厘米南北向铺设一道竹竿，并固定在东西向上弦的钢丝上，每道竹竿用两根长7米的竹子连接而成。

4.建后坡屋面

后坡屋面东西向铺设7道直径2.6毫米的钢丝，固定在钢架上弦上，两端拉紧固定于山墙外的坠石上，后坡屋面南北向每隔0.3米铺设直径5厘米的木棒或竹竿一根，上端固定在平梁上，下端立于后墙上，并固定在东西向的钢丝上。然后用农膜上下包住三层草帘覆在后坡上。后墙放0.6米石棉瓦用于排水护墙，最后覆土0.5米，踩实即可。

5.覆盖农膜、上压膜线

扣膜时最好采用三幅，上幅宽2.5米，中间幅宽7~9米(依温室跨度而定)，下幅宽1.5米，每幅膜的一边要黏合宽20厘米的加强固定带,中间加一根直径 2.6 毫米的钢丝。为防止雨雪水顺膜流入棚内,上膜时应上膜压下膜叠压搭接,上下叠压搭接 20 厘米,生产中采用扒缝放风。

扣膜时绷紧棚膜,农膜两端各绑缚竹竿一根,固定于山墙外的坠石上,间隔 1 米,南北向用压膜线压实。后屋面东西向拉设一道直径 2.6 毫米的钢丝,穿过后坡屋面固定于钢梁上,前屋角下每隔 1 米预埋一个地锚,用于固定压膜线。

6.建缓冲房

在北墙一端根据生产需要修宽 3 米、长 4 米的缓冲房,缓冲房门和温室入口应开在不同方位上,防止寒风直吹。

7.挖防寒沟

距日光温室前屋角南端 0.4 米处,挖深 0.5 米,宽 0.4 米,东西走向的防寒沟。沟内四周覆旧农膜,内填农作物秸秆等隔热材料。

三、"四位一体"温室的建筑施工

"四位一体"温室是在日光温室的基础上,以沼气为纽带,集种植、养殖、集雨、沼气于一体,综合利用"三沼"(沼渣、沼液用作肥料生产无公害蔬菜,沼气用于做饭、照明、补光、增温及提高 CO_2 浓度)。通过棚面集中雨水、旱井集水等技术充分利用水资源,使之产生最大经济效益的新型温室生产模式。

(一)沼气池

沼气池位于猪舍内地下 1.5~2m 处,容积 8~12m^3,出料口位于蔬菜田内。

沼气池是"四位一体"温室的核心部分,起着连接养殖与种植、生产与生活用能的纽带作用,沼气池建造应在温室墙体完工后,建造温室前坡前开始施工。先挖地坑、用混凝土浇筑池底,原浆抹光,砌筑出料口通道,采用模具浇筑池墙,池顶要安装活动盖。

(二)猪舍建设

猪舍紧靠温室出入门的一端内侧，与温室隔离，先建沼气池，待池体达到养护期后即开始建筑猪舍。猪床要用混凝土浇筑,水泥砂浆抹平处理,要高出自然地面20cm,猪床地面要按前低后高的方式抹成5%的坡度,坡向沼气池进料口,猪舍地面比沼气池的进料口顶部要高出2cm,顶口用钢筋作成箅子,钢筋之间的距离以保证粪便顺利进入沼气池为宜。温室与猪舍之间必须砌筑内墙相隔,顶部高度要与温室拱形支架相一致。在内墙北面留门作为养猪作业的通道门。内山墙中部还要留2个通气孔、孔口24cm×24cm;高孔距离地面1.6m,低孔距离地面0.7m,上孔为空气的交换孔,下孔为CO_2的交换孔。内墙的顶部要用水泥砂浆抹成和弓形支架一致的斜面。

(三)集雨井

集雨井俗称旱井,其容积可视当地实际情况确定在40~60 m³

图6　棚面集雨及旱井全貌

内。内部做防渗处理，避免集水流失渗漏。

（四）棚面集雨

在温室前坡外做集水槽，深宽 30cm × 30cm，将温室棚面的雨水导入集雨井，利用温室棚面积蓄雨水，通过集雨水槽、沉淀池、滤网，最后积蓄到集雨井中，供蔬菜生产使用。沉淀池位于集雨井入水口处，作用是沉淀雨水中的泥土，沉淀池规格在 0.5~1.5 m^3。滤网设置在沉淀池出水口，防止杂物流入集雨井。

四、地窖式日光温室的建筑施工

地窖式的日光温室是把温室从地上式改为地下式。这种温室在设计上主要考虑到在我区冻土层厚度一般在 0.7m 内，把栽培畦深入自然地面 0.7m 下，减少室外冻土对室内地温的影响。地窖式温室的施工，地面以下取土 35cm，然后垫到棚前，垫高地面 70cm。地窖式温室比地面日光温室夜间气温至少要高 1~2℃，10cm 处地温至少要高 2~3℃。但也存在着前部遮阴，通风差，地面湿度大的问题，一般不主张大面积采用此方式。

图 7　有立柱温室黄瓜生长情况

第四节　塑料大棚的建造

塑料大棚是利用拱形等骨架支撑和固定塑料薄膜而形成的一类空间较大的保护地设施的统称。其特点是投资省，成本低，覆盖面积大，便于安排作物和操作管理，多数蔬菜可进行促成栽培；通风好，光线充足，作物受光均匀，昼夜温差大，在封闭或半封闭的环境下可以调控，创造适宜蔬菜生长发育的环境条件；在春季、夏初和晚秋季节，通过一定的调控，可提前或延后生长期，实现高产增收。但由于不便覆盖草苫等不透明覆盖物，保温效果差，栽培应用受到一定的限制，且棚体的稳定性也较差。

一、主要类型与结构

(一)类型

塑料大棚的分类很不统一，生产应用上多以其外观特征和内部结构来划分。

1.依外观特征划分

可分为拱圆形和屋脊形两大类。每类又有单栋式和连栋式之分。现在生产上应用的多数为拱圆形单栋式。连栋式由于光照分布不均，弱光带显著，温湿度调节难，往往造成通风不良，病害较重而影响产量。连接处易漏水，易积雪且难清除，一次性投资大，故应用不多。但随着设施栽培的发展，设施技术、材料研究的提高，连栋大棚也有其发展前景，如我国近年研制并发展的充气式连栋智能温室，其构体就是典型的连栋拱形大棚。

2.依内部结构划分

大致可分为：多柱式、少柱式、无柱式(空心式)。亦可分为拱架式、梁架式、悬梁吊柱式和拉筋吊柱式等。

(二)结构

1.多柱式

初期发展的大棚和现时的简易大棚,其用材为竹木或竹木、钢筋水泥构件相结合,为抗雪压和提高风荷载能力,采用多柱式。这种大棚的跨度较大,多为12~14米,矢高较矮,一般在2米左右,支柱的纵、横间距较小。纵向因系一根立柱上架一根拱杆,故柱距1~1.2米;横向柱距2米左右,拱杆用竹竿架设于柱端。纵向用竹竿或8#铁丝连接固定(称拉杆或拉筋)的结构形式又称拱架式(图8)。

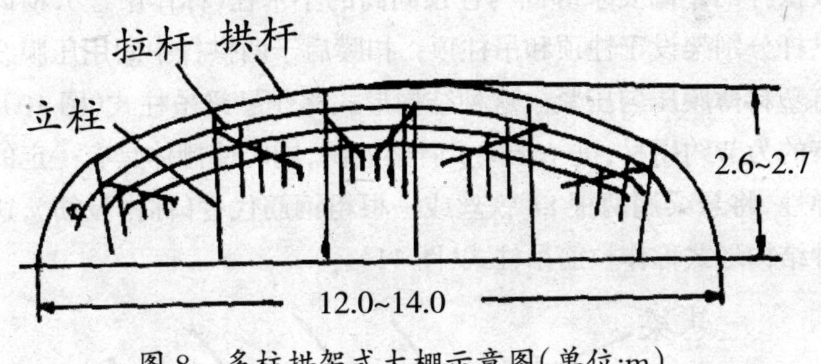

图8 多柱拱架式大棚示意图(单位:m)

2.少柱式

为减少立柱遮阴,便于安排作物和方便操作,将多柱式改进发展成少柱式大棚。该类棚采用钢筋水泥预制立柱,坚固耐久,故其纵、横间距加大,从而减少了立柱数量。纵向柱距3~3.6米,于柱顶架木梁或水泥预制梁,在梁上横向间隔1~1.2米架设拱杆,横向柱距2.4~3米。这种结构形式称作梁架式(图9)。为便于压紧塑料薄膜和扒缝通风,有的不将纵向梁架于柱顶,而是固

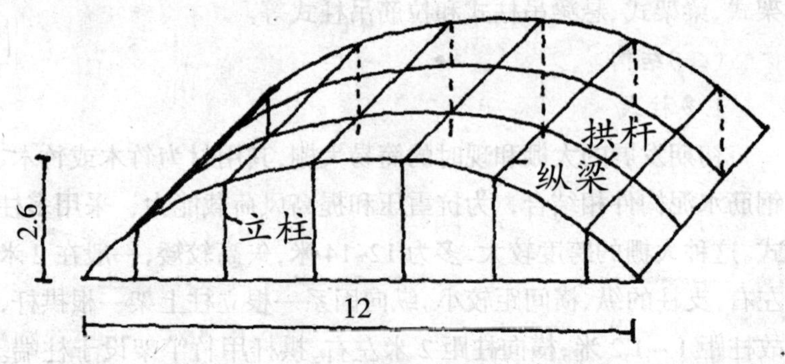

图 9　梁架式大棚示意图(单位:m)

定于离柱顶 15~20 厘米处,称为悬梁,在悬梁上于两立柱之间,按拱杆的距离要求绑固与柱顶同高的小木柱(称作吊柱),横向拱杆分别架设于柱顶和吊柱顶，扣膜后于两拱杆中间用压膜线将塑料薄膜压匀压紧。这种结构形式称作悬梁吊柱式(图 10)。有的为节约用材,进一步减少骨架遮阴,同时使棚体具有一定的弹性,将悬梁用两根 8# 铁丝或一根粗钢筋代替(称作拉筋),这种结构形式称作拉筋吊柱式(图 11)。

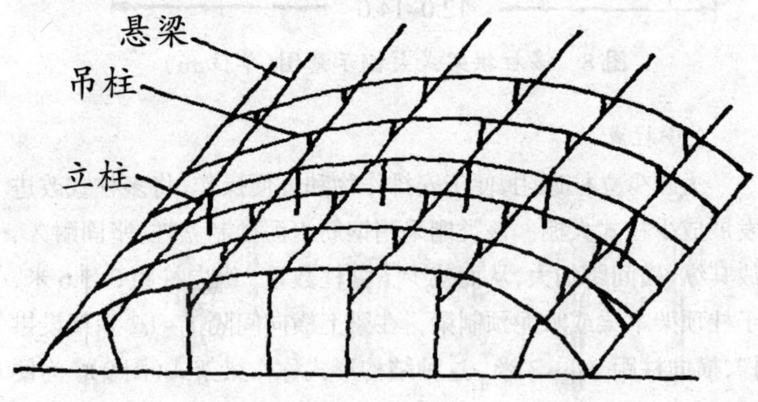

图 10 悬梁吊柱式塑料大棚示意图

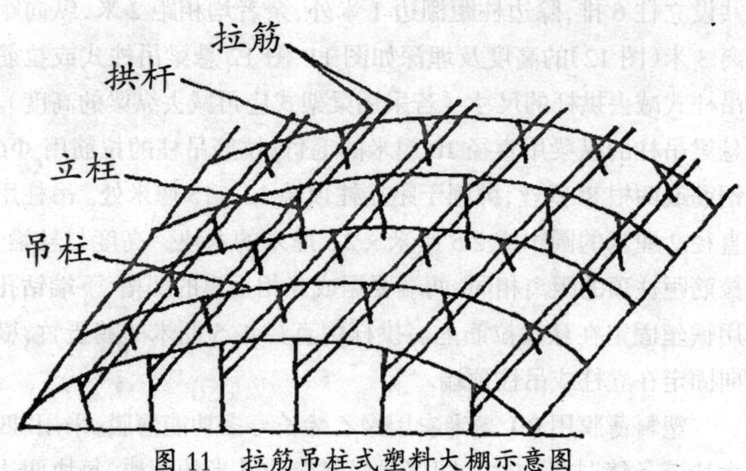

图 11 拉筋吊柱式塑料大棚示意图

3.无柱式

为使棚型结构更加合理,尽量减少骨架遮阴,利用机械操作并达到大棚的现代化,各地相继研制发展了无柱式大棚。这类大棚完全取消了立柱,使光照条件大为改善,耕作方便,不仅经久耐用,标准化程度高,便于工业化生产,而且实现了机械化或自动化通风,创制了充气大棚,为提高大棚的保温性能独辟蹊径。

二、竹木结构大棚的建造

竹木结构大棚的用材,拱杆为竹竿,立柱虽可用木材,但为保证坚固耐久和减少立柱数量,多以钢筋水泥柱代替,虽为水泥柱,其造价仍很低,加之结构简单,易建造,故生产应用仍较为普遍。由于用材的原因,其矢高一般较矮,多在 2~2.6 米。有的菜农误解为越矮越抗风,为节省用材(包括塑料薄膜),矢高仅 1.8 米,而跨度又趋向偏大,棚的顶面偏平,透光率降低,风的负压大,薄膜绷不紧、压不平,积雪不能自动下滑,降雨易在棚顶形成“水兜”。现在倾向于跨度 12 米,高 3 米,高跨比 0.25,肩高 1.5 米,跨拱比 8,既符合优良棚型结构的要求,又为建造所能达到。

共设立柱6排，除边柱距棚边1米外，余者均相距2米，纵向距离3米（图12）的高度及埋深如图11、图12悬梁吊柱式或拉筋吊柱式减去拱杆的尺寸（若采用梁架式应再减去纵梁的高度）。悬梁吊柱的纵梁用直径10厘米的毛竹；拉筋吊柱的拉筋用Φ6钢筋或两根8#铁丝，绑固于距立柱顶端12～15厘米处。吊柱用直径2厘米的圆木或2.5厘米×2.5厘米的木块，高度与悬梁、拉筋距柱顶的距离相同。两端要锯成互相垂直的凹槽，下端钻孔用铁丝固定在悬梁拉筋上。拱杆用直径4~5厘米的鸭蛋竹，横向固定在立柱或吊柱顶端。

塑料薄膜用0.1毫米农用聚乙烯长寿多功能薄膜，采用“四大块三条缝”扣膜方法，即将薄膜烙合成6米的两块，每块两边烙合5厘米折筒用于穿麻绳；2米的两块，一边烙筒穿绳。选无风晴天的上午扣膜，先扣两侧下部，窄幅膜、无筒边在下，两端用细竹竿裹紧将薄膜拉紧、扯匀、理平，隔一段距离用细铁丝将薄

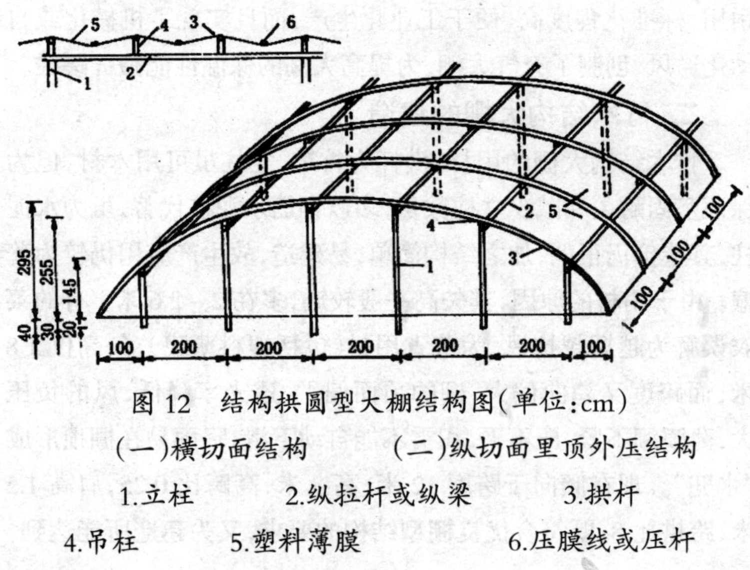

图12　结构拱圆型大棚结构图（单位：cm）

（一）横切面结构　　（二）纵切面里顶外压结构

1.立柱　2.纵拉杆或纵梁　3.拱杆

4.吊柱　5.塑料薄膜　6.压膜线或压杆

膜上端的穿绳固定在拱杆上,两头固定在棚两端的边柱上(或越过边柱埋入地下形成棚头),将薄膜下端埋入土中30厘米,踩实。依法再上两块顶膜,顶膜要在下部膜上,重叠25厘米,以便顺水。薄膜上好后立即用压膜线于两拱杆间将薄膜压紧。

三、钢架结构大棚的建造

这类大棚的用材较广,主要有钢筋、钢管焊接桁架大棚,镀锌钢管装配式大棚,菱镁拱架大棚,玻璃钢和钢塑大棚等。其结构因用材不同而略有差异,钢筋或钢管焊接大棚多按当地的棚型结构要求,由大棚生产单位或基地自行加工,用钢筋或钢管焊接成单片拱架(上弦用Φ16钢筋或Φ26钢管,下弦用Φ14钢筋,上、下弦间距20厘米,用Φ12钢筋焊成拉花连接),拱架间距1~1.2米,纵向用五道Φ16钢筋或Φ26管焊成拉梁,并于上弦相管塑料大棚示意图对应处两侧各焊接一根斜撑,防止拱架扭曲变形(图13)。有的为节省投资,上弦采用Φ20钢筋,下弦用Φ16、18钢筋,或上、下弦均用Φ26钢管焊接成加强拱架,每3米1架、拱架间每0.75~1米设1个木吊柱,于吊柱顶端架竹竿作拱架(图14);亦有上弦用Φ26厚壁钢管,下弦用两股Φ14钢筋,上下弦间距20厘米,上下弦构成三个侧面都用8#~10#钢筋焊成拉花,制成三角拱架,间距3米或稍大,以上两种称为桁架式,其桁架的底脚要固定在水泥墩上。

其他大棚的结构,多按标准棚型由厂家制作,详见图10、图11、图13。

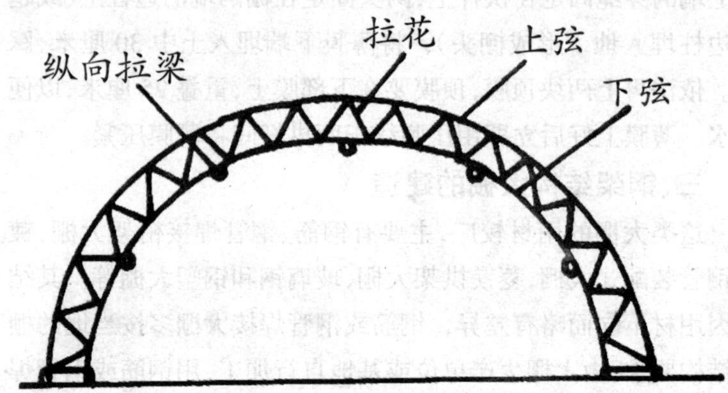

图 13 焊接式钢架塑料大棚单片拱架示意图

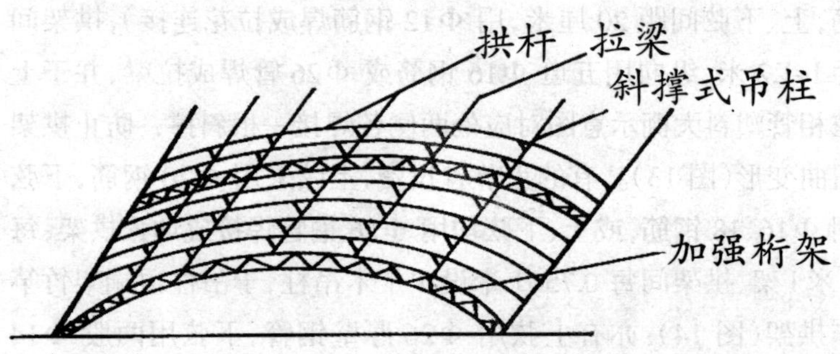

图14 焊接式加强拱梁钢

四、组装式钢管结构大棚的建造

随着设施栽培面积的扩大，日光温室、大棚、改良拱棚占地也越来越多。有许多土地经多年连作病虫害发生日趋严重，不少农户想把设施位置进行移动，但日光温室投资大，一般要经营15~20年，改良拱棚受地形限制也不易随便移动，只有大棚才较方便移动。因此组装式钢管结构大棚就顺应而产生并迅速被应用到各地。

(一)结构及材料

跨度可从 8~15m，长度约 80~100m，高度从 2.8~3.5m 不等，

排立柱依跨度在5根、7根、9根之间。钢管最好用镀锌4~6分管即Φ15~20mm管，钢丝用Φ2.6mm的，还应准备些3cm×3cm×4cm角钢作压地线。

(二)大棚的建造

1.埋锚

一般大棚为东西向南北延长,先按跨度确定好位置,然后在东西两侧挖0.5m深的坑埋锚，锚可预先作底座12平方厘米的水泥墩,也可用铁丝捆砖代替。锚间距为1m,两侧锚要直线对称以便固定立柱。

2.埋设立柱

立柱下端为长1.5m，约Φ20mm粗的钢管，上端为粗Φ15mm的钢管，上端管可插入下端中，并用紧固螺栓调节高低。上端管顶部为丁字结构,好放置钢丝绳,下端20cm处要焊接20cm长的角铁,作为压底线,可防立柱下陷。立柱每2m一排,柱间距2~2.5m,中柱最高,侧柱和边柱依次降低。边柱要向外倾斜60°,以增强撑力。每排立柱要求埋设在东西两端锚之间的直线上,南北两端的立柱用斜撑加强,所有立柱要前后左右成行,同行要高低一致。

3.架设钢丝和扣膜

立柱埋设完毕后，将钢丝一端与立柱相对的一端锚捆好并架设在每排的立柱丁字架上,另一端拴在对面的锚上,组成支撑棚膜的骨架,然后铺棚,两端用土埋压,并用压膜钢丝压在膜上,并固定在两排立柱之间的锚上,两侧用土埋压棚膜,钢丝均用紧线器调好,完成扣棚工作。整个大棚由于钢丝的下压和钢管的内撑形成波浪形的整体,既能抗风又便于雨水的流畅,放风靠扒缝进行。

(三)大棚的特点

这种组装式的钢管大棚便于拆装,3~5 个劳力就可完成。而且价格适中,可以大面积推广。

第五节　改良拱棚的修建

一、改良拱棚的概念

改良拱棚是指跨度仅 2.5m，高度 1.5~1.8m 的小棚而言的，我们在这里着重推荐的改良拱棚是菜农特别是山区和丘陵区农户自创的一种设施形式。由于它修造容易,栽培技术也简单,保温性能又好,所以推广起来比较容易。它是解决山区农民早春往往吃不到新鲜蔬菜的最好形式，也是旱地蔬菜栽培的延伸和提高。

二、改良拱棚的修建

(一)修建方法

改良拱棚的方位角要求最好是坐北朝南偏西 5°~8°但不像日光温室要求那么严格。在本地如准备修建大型日光温室的地块由于各种原因调地有困难，可先行建改良拱棚以完成设施修建任务。改良拱棚的结构和示意图如下图所示：

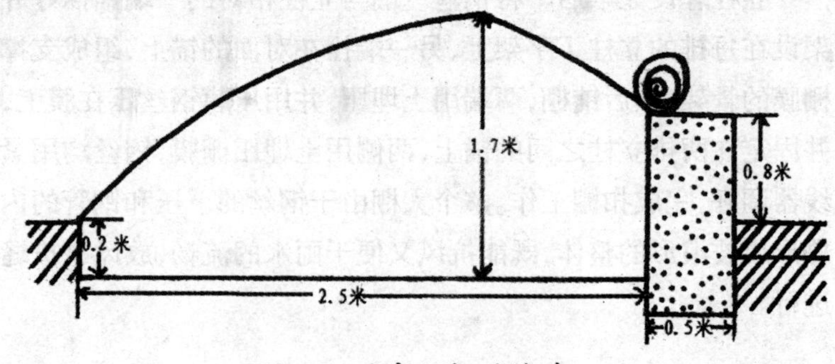

图 15　改良拱棚的修建

后墙高出地面 0.8m,棚畦下挖 0.2m,起墙时把熟土推到旁边,用下面的生土打土墙或和草泥抹墙,墙厚 0.5m。跨度 2.5m,棚脊高 1.7m。在墙面按每隔 1m 的密度立一方形支架,支架建材可用水泥、GRC 或竹竿、竹片或废钢管。支架高出地面 1.5m,加上棚畦下挖的 0.2m,整个棚脊高为 1.7m,人基本可弯腰进棚操作。拱架的横连方法如下:可在定做水泥或 GRC 支架时预留三排穿孔，孔距约 0.8m，这样用钢管或 8# 钢丝三根衔连固定支架,衍条最后固定在东西的山墙下边的石块或条木上。覆盖改良拱棚的棚膜可利用只用过一年的温室棚膜,也可用 2.5m 宽对折的 0.08~0.1mm 的 EVC 或 PVC 膜。覆盖的草帘是专打的长 4m、宽 1.2m,、厚 3cm 的轻便草帘.。每根支架中间可压一条压膜线固定棚膜。

在山区和丘陵区，有经验的农户往往物色朝向合适的梯田地垄或山线修建改良拱棚,这样省去了后墙,又保温,草帘可直接卷在地堺上。平川也有的农户直接定做灰沙砖垒后墙，又保温,修建还容易,但要注意两边最好用泥抹缝保温。

(二)改良拱棚的特性

改良拱棚比起温室当然保温性能差，但它比一般大棚要保温,由于有草帘覆盖,又离地面有 0.2m,所以当最寒冷的冬季拱棚内的温度仍可保持在零上 4℃，早春的 3 月棚温迅速可上升到 25~28℃,可比一般大棚提早 1 个月种植喜温蔬菜。特别在秋末冬初,日光温室大都还处在生长初期,而大棚又已拉蔓,此时正是设施蔬菜的一个小淡季，而改良拱棚由于特殊的性能正好能填补这时的淡季,晚秋黄瓜、茄子、青椒和西红柿还能继续上市。

第六节 多元化的设施园艺

一、温室多样性的特征

由于温室的功能、作用、结构材料、屋面结构、连接方式、起源地及设备装备情况不同就会有多种多样的温室。

依据功能可将温室分为生产性温室、观赏性温室、科研温室、教学温室、娱乐性温室、休闲型温室(庭院温室、阳台温室)等;按温室的用途可分为花卉温室、蔬菜温室、果树温室、育苗温室、育种温室等。

根据覆盖材料的不同将温室分为玻璃温室（Glasshouse)和塑料温室（Plastichouse）两大类。塑料温室又分为软质塑料(PVC、PE、EVA 膜等)温室和硬质塑料(PC 板、FRA 板、FRP 板等)温室。

按照温室透明屋面的结构形状划分，可将温室分为单屋面温室、双屋面温室、拱圆屋面温室、连接屋面温室、多角屋面温室等。其中,单屋面温室又分为一面坡温室、立窗式温室、二折式温室、三折式温室、半拱圆形温室;双屋面温室又分为等屋面温室、不等屋面温室(3/4 温室)、拱圆屋面温室;连接屋面温室又分为等屋面连栋温室、不等屋面连栋温室(锯齿形温室)、拱圆屋面连栋温室;多角屋面温室又分为四角形、六角形和多角形屋面温室等。

按照温室骨架的建筑材料划分,可分为竹木结构温室、玻璃纤维骨架温室(GRC)、钢筋混凝土结构温室、钢架结构温室、铝合金温室、混合结构温室等。

按照温室能源划分,可分为加温温室和不加温温室。加温温室根据加热情况又分为地热能温室、工厂余热温室、人工能源加温温室等。

根据起源地命名的温室：如北京改良式温室、海城式温室、寿光式温室、鞍山式温室、芬洛式温室、札幌式大棚等。

我国北方地区日光温室是主流形式，南方以塑料大棚为主要生产形式，经济发达的欧美国家以大型现代化温室为主要设施类型。

图 16 琴弦式温室

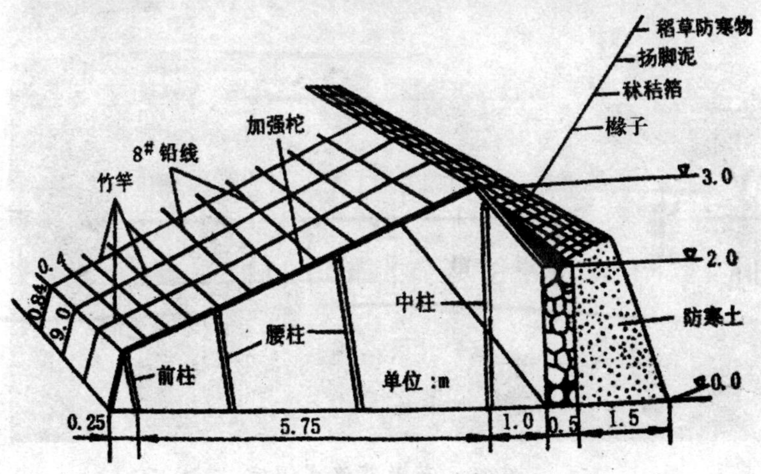

图 17 琴弦式温室结构示意图

二、我国日光温室的几种代表类型及结构特点

我国日光温室的代表结构已经历了北京式改良温室、海城矮墙长后坡温室、寿光琴弦式温室等的发展过程。除在前几节介绍的温室外，这里再着重介绍几种现代化程度较高，实用示范性较强的多元化温室供大家参考。

(一)现代化大型连栋温室

1.荷兰芬洛式(Venlo)温室

荷兰芬洛式温室是现代化温室的典型代表，起源于荷兰Vanlo地区，见图18。是屋脊型连接屋面，钢架结构，透明覆盖材料主要为专用玻璃(占到95%)，开间以3.2m为基数，有6.4m、9.6m、12.8m等多种规格，新建温室总跨度多在100~200m，长度在100~300m之间，单座温室面积在2~8hm²之间，脊高在5~7m之间；通风窗设计在温室顶部，通风面积占温室面积的16%；地面硬化以减少虫害和土壤蒸发对空气湿度的影响；配备有加温设备、喷雾设备、CO_2使用设备、内保温系统、自然通风系统、空

图18　荷兰芬洛式温室

气搅和器、燃气式发电机(天然气作能源,产生的电力、热和 CO_2 供温室使用)、集雨池、营养液配制系统和智能控制系统,温室管理和水肥管理由计算机控制,节省大量人工和劳力。

2.里歇尔(Richel)温室

法国瑞奇温室公司研究开发的一种流行的塑料薄膜温室,在我国引进温室中所占比重最大。一般单栋跨度为 6.4 米、8 米,檐高 3.0~4.0 米,开间距 3.0~4.0 米,其特点是固定于屋脊部的天窗能实现半边屋面(50%屋面)开启通风换气,也可以设侧窗,屋脊窗通风,通风面为 20%和 35%,但由于半屋面开窗的开启度只有 30%,实际通风比为 20%(跨度为 6.4 米)和 16%(跨度为 8 米),而侧窗和屋脊窗开启度可达 45°,屋脊窗的通风比在同跨度下反而高于半屋面窗。就总体而言,该温室的自然通风效果均较好。且采用双层充气膜覆盖,可节能 30%~40%,构件比玻璃温室少,空间大,遮阳面少,根据不同地区风力强度大小和积雪厚度,可选择相应类型结构,但双层充气膜在南方冬季阴雨雪情况下,影响透光性。

3.卷膜式全开放型(Full open type)塑料温室

连栋大棚除山墙外,顶侧屋面均通过手动或电动卷膜机将覆盖薄膜由下而上卷起通风透气的一种拱圆形连栋塑料温室。其卷膜的面积可将侧墙和 1/2 屋面或全屋面的覆盖薄膜通过卷膜装置全部卷起来而成为与露地相似的状态,以利夏季高温季节栽培作物。由于通风口全面覆盖凉爽纱而有防虫之效。我国国产塑料温室多采用此形式,其特点是成本低,夏季接受雨水淋溶可防止土壤盐类积聚,简易,节能,利用夏季通风降温,例如上海市农机所研制的 GSW7430 型连栋温室和 GLZW7.5 智能型温室等,都是一种顶高 5 米,檐高 3.5 米,冬夏两用,通气性良好的开放型温室。

4.屋顶全开启型温室(Open-roof gerrnhouse)

最早由意大利的Serre Italia公司研制成的一种全开放型玻璃温室,近年来在亚热带暖地逐渐兴起成为一种新型温室。其特点是以天沟檐部为支点,可以从屋脊部打开天窗,开启度可达到垂直程度, 即整个屋面的开启度可以从完全封闭直到全部开放状态,侧窗则用上下推拉方式开启,全开后达1.5米宽,全开时可使室内外温度保持一致。中午室内光强可超过室外,也便于夏季接受雨水淋洗,防止土壤盐类积聚。可依室内温度、降水量和风速而通过电脑智能控制自动关闭窗,结构与芬洛式相似。

(二)适度规模的温室

现代化大温室多建在发达国家,工业化程度高,采用无土栽培和温室智能控制系统,基本实现了农业的工业化过程,温室管理和水、肥、土壤的管理基本不用人工,劳动效率大幅度提高,在荷兰人均管理番茄3300平方米,单栋温室的面积平均达到1万平方米,新建的大型温室多在2~8万平方米/座之间。我国的日光温室很少能达到如此规模, 一般多在300~800平方米之间,门很小、半地下式、柱很多、低矮,很难实现机械化作业,全部靠人力完成,劳动力消耗非常大,在劳动强度大、效率很低的行业工作是每个人都不愿意做的事, 有知识有文化的年轻人更不愿意从事这些工作, 企业也不愿意发展这样的产业。一个产业没有企业的参与就缺乏资金的来源, 没有年轻人的加入就缺乏活力,因此设计出适合我国气候特征、劳动力状况、专业化生产的温室结构体系是势在必行的。20世纪90年代笔者提出适度规模温室的概念,认为在目前可以达到的装备(电动卷帘机、机械通风、实用无土栽培—腐熟有机肥+炉灰或蛭石)条件下,家庭经营番茄专业化生产的规模应在2000~2200平方米，黄瓜在1600~1800平方米，茄子、辣椒在3000~3500平方米，西瓜、甜瓜在4000~4500平方米，这种规模的温室劳动效率较日光温室提高数倍到数十倍，能够达到和超过从事其他行业的收入水平，并能保证在温室有效使用期间收入水平保持在较高状态，也适合企业经营和发展，尤其是规模较大的温室，单靠农民个体的投入是有限的。经过十余年的实践，我们同数十家企业合作，获得良好效果。现将一些新温室的设计进行简介：

1.非对称连跨式节能温室

在山西农业大学等地建设，2002年获得国家专利。目前已在山西、内蒙古等地建成7座。该温室坐北面南，南北延长，保持了节能温室的高光能屋面形状，光能利用率高，主要生产季节可达95%；同时保持了北侧保温蓄热墙体，前后排不等的柱高，减少了温室前后排的遮阴，保证植物受光均匀；钢架组合式结构，内部6米开间，设计内保温系统（固定式和活动式2种）、侧保温系统、电动通风系统、防护系统及智能控制系统、喷雾降温系统、补光系统等，研制的齿链式垂幕系统为国内首创。3~6连跨结构，总跨度在20~38米之间，温室长度在80~150米之间，单座温室面积在1600~6000平方米之间。土地利用率高达80%

图19 非对称连跨式节能温室（潞城，6连跨，4000平方米）

~85%;作物生长空间大,能够发挥单株增产优势;造价低,使用效果好,明显优于国外大型温室。

连跨式节能温室是专门为我国农村家庭经营（1.5 个劳动力)设计的温室结构体系,其中 1 个劳动力专门进行生产管理,另一个劳力进行销售和辅助生产，能够管理的温室面积因作物种类而异。年生产两作(春促成和秋延后),单产 23~30kg/ m^2,年

表 2　连跨式日光温室体系及投资预算(以 2000 m^2 计)

序号	项目	分类	说明	单价	单位	累计
1	骨架	钢架		60	元 / m^2	60
2	强制通风	轴流风机		3	元 / m^2	63
3	电动通风	韩国电动	顶部	6	元 / m^2	69
	自然通风	机械卷动	侧面、下部			
4	屋顶覆盖	塑料		4	元 / m^2	73
5	固膜系统	卡槽等		3	元 / m^2	76
6	防护系统	防虫网		0.5	元 / m^2	76.5
7	内保温材料	夹层涤卡		9	元 / m^2	85.5
8	幕运动系统	齿链式		11	元 / m^2	96.5
9	排水系统			3	元 / m^2	99.5
10	采暖系统			5	元 / m^2	104.5
11	控制系统	触屏操作	国产	10	元 / m^2	114.5
12	补光系统		防爆防水	2	元 / m^2	116.5
13	动力系统			1	元 / m^2	117.5
14	集雨系统			5	元 / m^2	122.5
15	滴灌系统			3	元 / m^2	125.5
16	基础建设			15	元 / m^2	140.5
17	喷雾降温系统			8	元 / m^2	148.5
18	附属建筑			5000		
19	运费交通			2000		
20	安装调试			5000		
21	不可预测费用			3000		

收入达到8~10万元，使用年限为20~25年，年折旧费用6~8元/m²，投入产出比为1:5~6。这种温室装备各种环境调控设备，能减轻劳动强度，提高作物生产效率，提高土地利用率高，光能利用率高，能够实现专业化、规模化、效率化生产，适合于我国目前的国情、国力及生产力水平，能充分利用自然资源及劳力资源。建造连跨式节能温室的各种材料与设备的投入状况见表2。

2.连跨式温室(现代化梯田温室)

在平定县李家庄建成。是专为偏远山区、贫困地区设计的现代化温室，能利用坡地(坡度在25度以下)和梯田的自然优势，建设大型现代化农业生产设施。该温室、大棚南北向东西延长，总跨度和长度及柱高根据地形设计。钢架结构，抗风雪灾害，由于利用了现成的坡度或堤堰，建设成本低，保温蓄热效果好。根据吃水困难，打井不易，配备有集雨设施、滴灌系统、内保温系统等。贫困地区多处于坡地、梯田地带，发展机械化农业、规模化农业有困难。本结构为走高效设施农业之路的贫困地区快速走向

图20 连跨式温室内部结构图

现代化农业提供了新途径。

温室建设要在阳坡地，坡地的平均坡度要求低于30度，在此基础上地堰的宽窄高低没有特别限制，温室单间跨度根据地堰设计为5~7m之间，6m开间，每栋温室3~6连跨，总跨度控制在40m以内，温室长度控制在80~150m以内。温室屋面结构与上述连跨日光温室相类同，但室内柱高因地堰高低需要专门设计，以保持屋面高效率的光能利用水平。这种温室建设减少了北侧墙体费用及柱高费用（柱高多被地堰高代替）；利用梯田或坡地（北坡或阳坡）的自然地势，能够将更多的光能转化成温室能源，温室内梯田保持了较大的见光土地面积，吸贮热多，温室保温容易，热稳定性高，更加节能；不仅节约了大量建设成本和运行成本，而且温室内部遮光很少，光照分布均匀，作物生长良好。山区很多情况下也很缺水，利用温室屋面、沟壑收集雨水，进行集雨栽培（俗称旱井）是解决山区缺水的最佳方案，一般可在温室下端或内部设计300~500m^3的集雨池1~2个，在雨季收集雨水、洪水，用于温室生产。

3.阴阳型日光温室

南北向东西延长，组装式钢管结构，阴面温室跨度在6~8米之间，阳面温室跨度在13~16米之间，总跨度在20~24米之间，温室长度在80~180米之间，单栋温室面积在2000~4500平方米之间。配备外保温系统、内保温系统、吸贮热系统、喷雾降温系统、滴灌系统、固膜系统、防护系统、通风系统，同时可以配备补光系统、控制系统、集雨系统、货物输送系统等。其特点是：结构简单，设计科学，抗自然灾害能力强；光能利用率高，主要生产季节可达95%；完善的保温系统是其他任何类型温室难以企及的（除外保温、内保温外，有阴室加强后墙保温、前围裙保温和侧保温），节能、环保、低碳；生长空间大，环境稳定，有利于单产水平的提高；土地利用率高达 92%以上；建设费用低廉、运行费用极低，用于西瓜、甜瓜、丝瓜、苦瓜的生产，能够实现规模化、效率化、专业化生产。

图 21　阴阳型温室结构图

4.双保温温室型大棚

南北向东西延长，南侧屋面角度保持了节能温室的高受光状态，偏中部有柱体支撑，外侧双向电动保温被保温，内部 3 米高度设计有活动式内保温结构体系。跨度在 20~25 米之间，长度在 60~180 米之间，单栋规模在 2000~5000 平方米之间。是温祥珍教授最新设计的低成本现代化生产设施，也是适合当地气候特点的主推类型。该保温大棚结构牢固，组装式钢架结构，东西两侧为砖墙墙体，结构简单，设计科学，抗自然灾害能力强；光能利用率高，主要生产季节可达 95%；土地利用率高达 95%以上，能够进行越冬生产。

表 3　黄瓜双保温大棚(115m×16m=1840m²)投资模式表

(单位:元)

序号	项目	单位	数量	单价	金额	第一年
1	投资成本				31080	31080
1.1	土建工程				26980	26980
1.1.1	主拱架	根	20	240	4800	4800
1.1.2	次拱架	根	19	120	2280	7080
1.1.3	单拱架	根	38	80	3040	10120
1.1.4	纵拉杆	根	114	35	3990	14110
1.1.5	卷膜杆	根	32	35	1120	15230
1.1.6	卡槽	m	1600	3	4800	20030
1.1.7	棚膜	m^2	3000	2	6000	26030
1.1.8	防虫网	m^2	400	1.5	600	26630
1.1.9	地膜	kg	25	14	350	26980
1.2	设备购置				4100	4100
1.2.1	节水措施(PE 管)				1800	1800
1.2.2	生产工具	套	1	400	400	2200
1.3	投工	工日	30	50	1500	3700
1.4	技术培训费	人日	2	200	400	4100
1.5	小计				11360	11360
2	流动资金				24400	24400
2.1	黄瓜种子	g	100	5.00	500	500
2.2	化肥	Kg	500	2.00	1000	1500
2.3	农家肥	m^3	200	50.00	10000	11500
2.4	生物农药	kg	100	20.00	2000	13500
2.5	灌溉费用				1000	14500
2.6	劳动力	工日	320	30.00	9600	24100
2.7	维修费				300	24400
3	投资合计				55380	55380

注:结构费用 20630 元,合 11.2 元 / m^2,农膜 3 年折旧,合

0.7 元/年.m²;生产资料费用 14500 元,合 7.88 元/m²;劳动力 9600 元,合 5.22 元/m²(以 2007 年价格估算)。

三、高效循环农业生产体系

该生产体系是温祥珍教授设计的高新农业生产系统,2008 年在山西潞城建成。它集农产品加工、养殖业、种植业、食用菌生产、沼气、农家乐于一体,形成资源循环利用,物质相互生成的产业链。具体是有豆制品生产车间 300 平方米,日生产豆制品 500 公斤,食用菌年生产规模在 30000 公斤,豆浆、豆渣、菌糠等作为猪饲料,猪场单独设计,年出栏 150 头猪,设计大型沼气池 2 座,处理猪粪及温室作物枝叶、菌糠等,沼气作为温室能源、肥源被利用,系统中设计温室大棚等设施面积 12000 平方米,用于蔬菜、食用菌的生产。我省晋东南黄豆种植面积大,利用它制作豆制品,实现产值提升,豆浆、豆渣与菌糠配合作为良好的猪饲料,为发展生猪产业提供了便利,猪粪和植物枝叶作为沼气原料再次被利用,成为清洁能源,用于温室加温补光,沼渣、沼液用于温室大棚蔬菜生产,生产出无公害蔬菜。设计图如下:

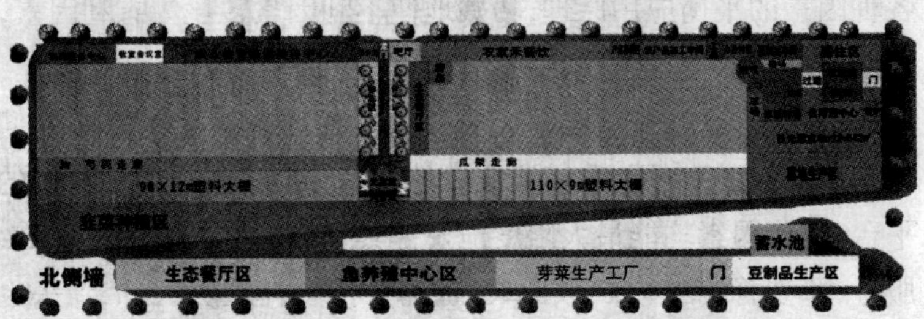

图 22 农业循环体系示意图

第二讲　设施蔬菜基础管理技术

第一节　设施蔬菜土、肥、水、温、光、气管理原理

以冬暖式节能日光温室为主要形式的设施蔬菜栽培是产业化程度较高的栽培形式，它既需要能为产业化提供有效服务的现代科技服务体系，又需要能接受服务的对象要有一定的现代科技知识和应用能力，光靠传统的经验来管理温室大棚是远远不够的。目前大多数农民满足于每平方米15~25kg的产量，每个劳动力的产值也不过0.5~1万元，而掌握了现代知识的农民已把每平方米的产量提高到50~75kg，每个劳动力利用智能温室可创收达3~5万元，说明设施栽培增产增收的潜力还是很大的。但这就要求农户要弄清设施栽培中的管理原理，要学会掌握各种因素的平衡应用原理，巧妙地使不利因素转化为有利因素，才能在设施栽培这个平台中实现自己人生的价值。

设施结构中的土、肥、水、温、光、气诸因素是一个整体，它们互相影响，互相作用。我们所应做的就是尽能力创造一个和谐的平台，使诸因素均能最大限度地发挥其积极性，为优质高产高效服务，不要像有些农户顾此失彼，每天忙于补短防病，忙到头也没个好收成。应把温室看得就像一个人体一样，要注重培育健壮的体魄和平和的心态，才能应对复杂的人世炎凉。土壤是设施栽培的根本，如人体的肌肉一样要结构合理，健壮有力；肥料是设施栽培的基础，如人体的骨骼要发育完善，支撑持久；水分是设施栽培的命脉，如人体的血液要流畅通顺，不溢不涸；温度是设

施栽培的活力，如人体的肢体要灵活自如，按需伸屈；光照是设施栽培的能源，如人体的心脏要跳跃不止，生机勃勃；气体是设施栽培的门窗，如人体的腑脏要清新常驻，永不言腐。

一、土壤管理

（一）土壤构成

土壤是由固体、液体和气体组成的三相系统。土壤质地可分为砂土、壤土和黏土三大类，温室要求最好是壤土，它含砂粒（直径 0.2~0.02 毫米）、粉砂粒（直径 0.02~0.002 毫米）以及黏粒（直径 0.002 以下），比较均匀，使土壤既不松散又不黏重，通风透水性能较好，也有一定保水保肥能力。

土壤结构是指固体结构的排列方式，孔隙和团聚体的数量、大小及其稳定度。我们要求设施栽培最好是团粒结构，它是土壤中腐殖质把矿质土粒黏成 0.25~10 毫米直径的小团粒，具有泡水不散的水稳性特点。这种结构可协调土壤中水分、空气和营养物质之间的关系，统一保肥和供肥的矛盾，有利于根系活动及吸收水分和养分。土壤肥力是指土壤能及时满足植物对水、肥、气、热要求的能力。

（二）土壤改良

大多数日光温室经推土机作业后原有的耕作层都被破坏，如何把这些生土改成适宜温室栽培的熟土就是保证高产的关键。首先要视土质采取相应措施。如土黏则掺和沙土，如土砂则掺和黏性土使土尽量达到壤土质地。改良的重点是大量增施有机肥（在肥料一节中要专门阐述）。最后是要强调深翻，最好能深翻到 0.6~1m，并分层把肥料翻入其中，起码也应达 0.5~0.6m，那种图快用旋耕机的作法在新棚是不可为的。有些农户为了提高土壤有机质含量，把玉米秸秆切成 5~10cm 的短秆又混入氮肥和水并撒发酵菌种经一个月发酵后翻入土中是很好的方法。还可以通过大量施用生物菌肥来提高土壤肥力。新棚可用含毛壳菌、放线菌的如激抗菌968、龙珠、三忠、肥田生等系列菌肥。

（三）土壤消毒

新棚和多年连茬棚都需进行土壤消毒，有些农户总是用自己的收入来打赌，往往不注意最基本的土壤消毒，结果栽培中出了事才悔之晚矣。土壤消毒常规的约有三种，即日光高温消毒、石灰氮消毒和化学药物消毒。

1.日光高温消毒

新棚建好或旧棚拉秧后的7、8月份太阳直射时间长，温度高，可利用阳光来消毒土壤。按每667m²（1亩）铺入切碎的麦秸1000~2000kg，生石灰30~60 kg，深耕后整成宽60~70cm，高30 cm的畦，然后全覆盖旧地膜，沟内灌满水至上面湿透。将日光温室膜盖严密封7天以上，如遇阴天则延长。此法可使地表温度达80℃以上，一般病菌虫卵均可杀死。

2.石灰氮消毒方法

利用7~9月的休闲季清理完毕温室后，按每667m² 铺入1000~2000 kg，并切成4~6 cm长的玉米秸秆，再把80 kg石灰氮均匀撒入全棚，注意不要留死角。然后人工把土深翻30cm以上，翻后按定植畦起垄，然后全覆盖旧膜，在膜下浇足水分密封温室15~20天，然后要充分晾晒再作业。

3.化学消毒

可在地面喷撒100~200倍福尔马林溶液后覆盖地面5天，也可喷撒50%多菌灵、50%硫菌灵1000倍液。也可将上述药物制成毒土翻入土中消毒。

（四）土壤的酸碱度

土壤的酸碱度也即PH值，以略偏酸性为好。PH值对养分的有效性影响是多方面的，它直接影响土壤中养分的溶解或沉淀，又通过影响土壤微生物的活动来影响养分的吸收。比如氮和磷，氮呈有机态要经微生物分解成硝态氮或铵态氮才能被植物根系所吸收。而微生物只有在土壤PH值在6—7.5时才最活跃。磷的分解与吸收亦是如此，假如PH值大于7.5，土壤中的磷就会转变成难溶状态。以上所述表明如果土壤酸碱度调节的不合适，费很大的成本施入土中的营养成分却不能被植物所利用。因此要学会把土壤看成综合体，平衡施肥，科学调控才会取得好的收益。下表列出几种蔬菜适宜的PH值供参考：

表4 温室常种蔬菜适宜的土壤酸碱度范围

蔬菜名称	PH值	蔬菜名称	PH值
黄瓜	5.5—6.7	菠菜	6.0—7.3
南瓜	5.0—6.8	芹菜	5.5—6.3
西瓜	5.0—6.8	菜豆	6.0—7.0
甜瓜	5.0—6.7	韭菜	6.0—6.8
西红柿	5.2—6.7	花椰菜	6.0—6.7
茄子	6.8—7.3	白菜	6.0—6.8
辣椒	6.0—6.6	豌豆	6.2—7.2
甘蓝	5.5—6.7	芦笋	6.0—6.8

土壤中水分含量要适中才有利于作物生长，所有养分要溶于水中才会被根系所吸收。

综上所述，我们所需的土壤环境是壤土，要求其有机质含量应在2%~4%之间，团粒结构要好，容重应在1~1.4g/cm^3之间，固、液、气三相比适中，有效保水量应在16%~20%，耕作层土壤厚度应起码达50cm深，土壤PH值应在5~8之间，还要有一定量的有益菌落。

二、设施蔬菜无公害施肥问题及施用技术

当前，棚室蔬菜无公害生产技术，已成为蔬菜生产发展的方

向，而科学合理的施肥方法更是无公害蔬菜生产环节上的基础与关键。但是，目前突出的问题是棚室蔬菜施肥存在误区不少，许多错误做法，急需纠正，以便保证蔬菜正常生产和可持续发展。

（一）棚室蔬菜生产施肥存在的问题及原因

1.有机肥施用不合理

（1）生施有机肥：施用农家有机肥，对肥料不沤制，不腐熟，不掺混，直接生施，做基肥烧死定植苗，做追肥烧伤棚室内正结果的瓜秧或茄果秧，生鸡鸭粪肥等直接施入，由于发酵释放大量二氧化硫、氨气等，以致这些有害气体熏蒸茎叶导致落花落果，减产减收。生有机肥没有经腐熟，其肥效迟缓，按正常栽培，应释放的养分赶不上幼苗营养需求，且反之争夺土壤中氮素营养，直接影响蔬菜前期生长和前期产量的提高。另外，生施有机肥，由于动植物残体，未经腐熟，所带的病菌多，带虫卵多，势必增加病虫基数，为加速加重病害发生提供了机会和基础。

（2）施用量不足与过量：目前，晋中市耕地有机质含量一般在1.2%左右，距适宜栽培要求有机质含量2%的指标尚有很大的差距，因此必须重视有机质的消耗补充，按我们区域气候温度状况，年消耗量2000kg左右，而棚室条件下，有机肥的维持用量应是一般用量的4~5倍，并应做到年年补充，才能维持土壤肥力。如果有机肥连年施用不足，势必打破棚内有机质分解与累积的平衡，土壤矿质化加大。由于有机质分解加速，必定导致地力下降，土壤疲劳，从而影响菜的品质和产量。若有机肥施用过量，（年施15000~20000斤有机肥的大有人在），其腐殖化系数变大，积累大于消耗，土壤有机质含量上升，但由于现阶段诸多生产性问题，随着土壤养分的富集，反之产生一系列不良的后果，尤其是由此而产生的重金属污染，这是土壤致命的危害。

2.化肥盲目施用问题大

(1)化肥施用超量:蔬菜种植户,为了产量和收入,认为施肥量越多蔬菜产量越高,施肥用袋量,按钱计算,用施多少钱的肥来确定施肥量,目前,不少种植户已进入化肥用的越多越好的误区。因化肥过量产生肥害而不能自拔的已不是个别现象。由于施用肥不适而造成烧根,叶和叶缘变黄的菜棚比比皆是,由此而产生的土壤板结,含盐量升高也成普遍现象。

(2)施用化肥不平衡:棚室种植户,普遍偏重氮肥,忽视钾肥、钙、镁、锌等微肥,用肥不合理常会导致元素间产生拮抗作用,造成某种元素肥用量过多,从而影响抑制根系对另一些养分元素的吸收利用。过量施氮,会抑制作物对钾的吸收,而钾的过量有造成植株对镁的吸收受阻,导致番茄黄叶。就铁与镁、磷、锌之间也存在拮抗现象,从而影响利用,造成蔬菜的缺素症状。例如,西葫芦对镁比较敏感且需求量大,缺乏时会使下部叶片变黄,严重影响到产量。黄瓜、番茄、辣椒对钙肥使用有要求,缺少时黄瓜烂顶,番茄、辣椒会发生脐腐病的生理性病害。因此,生产中一定要注意每种菜的生物学特性,科学合理用肥才能使其营养生长与生殖生长平衡,不徒长,不缺素,生长健壮产量高。

(3)化肥施用针对性不强:一些蔬菜种植户,违反土壤最小养分律,不分类型不管需求,千篇一律,唯偏重一种复合配比肥的施用,要知道,蔬菜产量不是随某种肥料的超量施用而提高,而是随营养需求,最缺养分的供给而变化,所以 必须在供足各种营养成分的基础上,重点补充最缺成分的肥料,这是棚室蔬菜施肥的方向。

(4)肥料施用方法盲目:部分菜农,不懂肥料的特性,不管棚室内蔬菜生长状况,肥料随遇而买,相仿而用,邻棚用甚他用甚,家中有甚就用甚,从而造成不必要的浪费和损失。因为棚室中蔬菜生长状况不同，就应区别情况使用肥料，而每种肥料，都有自己的特性。像尿素如地温低于15℃时就不易转化，就不能被作物有效地吸收利用。硝态氮素易流失，就应注意施用量和施用时期的掌握，施肥后避免立即浇水。磷肥易被土壤固定，施用方法上要进行技术处理。忌氯素，不宜过多施用氯化铵、氯化钾等含氯化肥等，决不能不明其理，胡乱施用，也不易胡乱混用，更不能按天数分段，采用到时就施肥的机械做法。

(5)过分夸大叶面肥作用：一些种植户，将叶面肥当做基肥、追肥直接施用，甚至到了要取代基肥，代替追肥的步骤。叶面肥确实有使用方便，易吸收，见效快等诸多优点，但殊不知叶面肥毕竟能提供的养分极少，其作用主要是补充即时性营养，从而调节植物体内代谢，促进吸收作用，以便加强根系的养分吸收，根本就不可能代替基肥和追肥。

3.硝酸盐淋失问题

水分是硝酸盐类在土中运转的重要载体，当灌溉量水分供应超过土壤田间持水量时，土壤中未被作物吸收利用的硝酸盐就会随水分下移，逐步淋洗出有效根区范围，以致污染地下水。尤其是轻质土壤，这种淋失状况更严重，这是氮素损失的主要途径。实际生产过程中，传统方式是施入肥料后，随即浇水，这样根层中原有硝酸盐类被淋失，等到下一次的施肥送水又将上一次转化的硝态氮洗掉，如此反复，根层养分含量始终保持一定水平，加之由于温度、盐分等原因，作物对氮素的吸收利用始终处于较低水平，越是这种情况，生产上越是需及时加大用量，以补充蔬菜在特殊密闭环境条件下的生长发育所需。这正是棚室蔬菜水分用量大的一个原因。

4.土壤次生盐渍化危害

棚室蔬菜施肥灌溉量大，大量盐基离子没有被吸收而残留于土壤耕层中，增加了土壤的含盐量，大量盐分累积表层，尤其是种植时间较长的老地块、老棚室问题更严重，这是导致土壤盐渍化的成因之一。

设施蔬菜多为一年多季种植，浇水量一般是农田的10倍多，如果在无排水条件区域，地下水位必增高，从而加速了土壤的返盐过程，此为原因之二。

盐分在土壤表层的集聚，抑制了土壤微生物的活性，影响蔬菜根系正常吸收养分的作用，使土壤养分转化受阻，造成蔬菜生长不良，自然涉及产量及品质。都知道大部分蔬菜根系分布很浅，对肥料的依赖程度比较高，尤其是反季节栽培，低温季节根系生长发育缓慢，对水肥吸收能力更弱，形成产量大但生长环境不适宜的矛盾，这正是棚室蔬菜品质、口感反映差等问题的根源。

(二)棚室蔬菜合理施肥技术

无公害蔬菜施肥应以提高土壤肥力，降低硝酸盐含量，改善蔬菜品质和提高产量为指导思想，做到有机肥为主、其他肥料为辅；多元肥为主、单元肥为辅；基施肥为主、追施肥为辅；综合平衡，配合施用生物肥。

1.合理施肥

棚室无公害蔬菜施肥应坚持按照设施环境影响下的特殊土壤、水、气、热状况选择施肥，按照不同肥料特性以及不同蔬菜的营养特点来确定适宜的施肥时期和肥料种类，分基、种、追肥进行合理安排，灵活地施用。

2.施用技术

(1)施足底肥，提高土壤肥力：充足的有机肥是种菜的第一需要，有机肥可为蔬菜提供全面而持久的营养，有机肥不仅含有蔬菜需要的大量元素及微量元素肥分，而且还具有改土培肥的作用,其可以改善土壤的理化生物性状,还能增强土壤的保土保肥能力。在棚室中有机肥还具有调节土壤养分的作用,同时分解产生的二氧化碳又可以补充气肥不足,一般棚室有机肥使用量10000kg为宜,衡量标准据有机质含量而定,含量较高可略减,含量低时应增加,原则一条,维持在封闭条件下,特定土壤状况下的有机质分解与积累,达到平衡标准为准。要注意棚龄较长的土壤氮肥残留较多的问题,可在夏秋歇茬时施入未腐蚀的秸秆,进行腐解调节,用于调节土壤中过多的硝态氮肥,防止次生盐渍化的发生,改良土壤中细菌群和养分结构。

(2)氮磷钾配合,合理补充微肥:蔬菜一般对钾需求量大,棚室内氮多钾少,缺钾势必造成减产,而蔬菜作物大多喜欢钾素,这也与大量吸收硝酸盐类有关,如仅靠有机肥来补充钾远远不能满足蔬菜生长需求。适量增施钾肥,不仅可以提高产量,提高菜的品质,而且还可以减少硝酸盐的积累,维持生态系统中氮的平衡,达到蔬菜生产可持续发展的目的。

蔬菜对氮肥需求量大,若缺少或不足将会影响菜的产量和品质,但氮用量过多反之会引起相反的作用,一般每亩施氮肥应掌握在20~30kg,生育期较长的氮肥用量可增加到40~50kg,但不超过60kg,氮磷钾比例大致为1:0.4:1.2,实际生产中还应根据土壤肥力和蔬菜生长产出量,以及吸收特性而调整施用。

对于钙、镁、硫肥乃其他微量元素肥料的施用,应掌握其特殊性,若施用不当,不仅不能增产,甚至会给作物造成严重伤害。所以必须认真对待,严控用量、浓度,以及施用的均匀性,并应注重作物的敏感性反应,而进行合理选择施用。

(3)选择科学方式,合理施用肥料:科学合理地施用肥料,可以提高蔬菜产量,降低生产成本,应针对肥料性质进行施肥,即:深施氨钾肥,深施可以避免氨肥的挥发,提高氨素的利用率。一般铵态氮肥施用深度6cm,尿素为10cm;磷肥要集中施或和有机肥混合后施;微量元素以喷施为主,施用时要据不同蔬菜类型需求特点进行合理施用。如:叶菜类,在结球期要保证氮钾的供应,茄果类对钾、钙、镁需求量大,果实期应保持充足的供应。特别是钾的供应要保证,故注重在生长旺盛期及时追肥。根菜类,在食用根茎膨大前期,是需要养分的最高峰,应注意及时早供给磷钾肥和硼肥,要灵活应用,合理掌握用量和使用时期,确保硝酸盐含量在无公害指标允许范围内。

(4)推广应用生物肥:对生物菌剂和生物有机肥应分别选择施用,生物肥是为绿色蔬菜生产的新型肥料,在无公害蔬菜生产上是有其一定潜力的。施用后不仅能释放土壤中的有效养分,还能在一定程度上减少病害,减低病害防治次数,减少农药残留。因此在无公害生产中,施用生物有机肥,一定程度上可控制氮肥的用量,不但有利于提高蔬菜品质,还有利生产环境的保护。

(5)广泛施用沼肥:沼气液渣是经过深度腐蚀的有机性肥料,是无公害蔬菜的最理想肥料,尤其是四位一体的沼气池,更是棚室无公害蔬菜生产的有效途径,通过种养结合,形成以沼气为纽带的良性生态循环,既为棚室提供优质的有机肥,又可通过棚内沼气燃烧为蔬菜提供二氧化碳气肥,确为一举两得的生产形式。

综上所述,科学合理施肥是提高棚室蔬菜产量,改善品质的有效措施,对于发展无公害蔬菜生产,提高人民生活水平有着极其重大的意义。

(三)设施蔬菜栽培土壤肥力的培育

1.棚室土壤肥力特点

棚室经多年的栽培,其土壤显著特点是经土壤熟化后,母土在集约性的种植、耕作、施肥、灌溉及多项土壤改良等综合措施的影响下已经定向培育成肥力较高、土壤理化性质发生明显良性转化并已具备为蔬菜向高产、稳产、优质方向的提高提供坚实基础的能力。其表现为：第一，土壤养分富集明显，耕作层有机质含量高达4~10%，含氮、速效磷，养分富集顺序为：速效磷＞全氮＞有机质＞全磷＞速效钾＞速效氮。碳氮比(C/N)比值略有上升。第二，棚室土壤生物活性增强。土壤的生物活性在一定程度上反映出土壤肥力水平的高低。其表现在细菌等有益微生物总量高于一般地块80%以上，磷细菌、固氮菌、氨化细菌等都增加显著，固氮酶活性要比仅施化肥的地块增多1倍以上。第三，土壤盐离子浓度积累升高。由于在相对密闭的环境缺少雨水淋溶，土壤表层的盐分较难淋溶到土壤深层，深层的盐分可通过土壤毛管，随水分上升而积累到表层。加之当化肥不按需要补施而是过量集中追施时，有些化肥的副成分如硫酸铵、硫酸钾、氯化钾等肥料的硫酸根离子不能被作物完全吸收利用，又缺乏淋溶条件，会长期保留在耕作层中。第四，土壤团粒结构和单项元素的富集矛盾增大，温室高产最需要土壤团粒性能要好，但如化肥单一施用量过大，加之温室连续单种一种作物易造成某一元素被大量吸收，另一些元素被大量积累。如喜硝态氮蔬菜吸收大量硝态氮，就易使土壤PH值升高，诱发铁、锰、硼、锌等元素的不溶性，影响根系吸收。懂得了温室土壤肥力的这些特点，我们就要采取扬长避短的办法来培育土壤肥力，为高产稳产创造好的条件。

2.土壤肥力的培育措施

(1)增施有机肥：土壤培肥的原则应是用养结合，因地制宜，综合治理，快速改良。对大多数农户和栽培企业来说除用高科技改土物质如不倒翁、NEB等外，最基本、最有效的培肥方法还是大量增施有机肥。有机肥培肥的作用表现在：

①有机肥在土壤中形成的腐殖质,既改善了土壤团粒结构,又改变了土壤理化性质,提高了土壤保肥供肥能力。

②有机质供给大量养分，其成分不但齐全还容易被作物的根系吸收。

③有机质形成的腐殖质以胶膜形式凝聚在矿物质表面,由多种离子形成螯合物可促进作物对微量元素的吸收利用。

④有机质因特殊的特性可以缓慢、均衡地供给作物必需的养分,不会造成盐分的急骤积累。

⑤有机肥分解过程会产生大量二氧化碳，是增强光合作用的重要原料。

⑥有机肥会使作物生长健壮,增强抗病虫害的能力,容易获得高产高收。

⑦有机物能改善土壤微生物的生存环境，促使各类微生物均衡发展,抑制有害细菌的产生和发展,从而提高了土壤养分的利用率。

正因为如此，所以设施栽培都把增施有机肥作为必备的基本条件，高产优质看八月就是指在八月准备翻地时看粪堆准备得如何。下表列出各种有机肥的肥效供参考：

表 5　温室常用有机肥养分含量及利用状况(%)

肥名	有机质	氮	磷	钾	第一年	第二年	第三年
鸡粪	25.5	1.63	1.54	0.85	65	25	10
猪粪	15.0	0.56	0.40	0.44	40	35	25
牛粪	14.5	0.32	0.25	0.15	25	40	35
羊粪	28.0	0.65	0.50	0.25	45	35	25
厩肥	25.0	0.5	0.25	0.6	75	15	10
堆肥	15~25	0.4~0.5	0.18	0.45	65	25	10
豆饼		7	1.3	2.1	60	30	10
沼液	30~50	0.8~1.5	0.4~0.6	0.6~1.2	100		
人粪尿	10	0.57	0.13	0.27	75	15	10

(2)掌握平衡施肥技术:温室和大棚都是集约型生产设施,农民为了争取优质高产大都舍得投入，但要掌握科学施肥才会既高产优质,又节约投资,不破坏土壤结构。主要应学会选择合适的肥料种类,科学地计算肥料使用量和合理的施肥技术。

甲:施肥量的计算公式

施肥量=(作物单位产量需肥量×目标产量)—土壤供肥量(有机肥用量×元素含量×利用率)/(化肥元素含量×利用率)

例如:某一日光温室计划产黄瓜10000kg,该温室已施腐熟厩肥10000kg,(其含N为0.45%),当季利用率为20%,经查已知每生产1kg黄瓜所需N为4g，又知化肥所含N素为46%(尿素),利用率为40%,则计算如下:

达到计划产量需纯N量为10000kg×4/1000=40kg

有机肥可提供的纯N量为10000×0.45%×20%=9kg

需要施入的纯N量为40-9=31kg

施入尿素量为31kg÷46%÷40%=77.5÷40%=168.5kg

下表列出设施栽培常种蔬菜所需养分含量表供参考:

表6　蔬菜每公斤产品所需养分含量表(g)

种类＼作物	黄瓜	西红柿	青椒	茄子	西葫芦	胡芹	豆角
N	2.6	4.5	5.2	3.2	3.7	2	8
P	1.5	1	1.1	0.94	1.8	0.93	2.3
K	3.5	5	6.5	4.5	5.8	3.9	6.8

另外大家要注意,温室大多施用的是复合肥料,按现在通用的以其含氮、磷、钾成分一般大多常用的是17-17-17、20-10-20、14-0-14和10-10-10等型。以前大家常用的复混肥料为12-6-7,含量太低,最好在温室不要再施用。

三、水分管理

设施栽培环境是相对密闭的环境，水分是一切生命活动的命脉。温室水分包括三个方面的因素，一是作物本身对水分的要求不同，而且同一作物在不同生育期也不同。因此我们可以把蔬菜分成三类：需要高湿度的如黄瓜、绿叶菜类等，需要中湿度的如豌豆、根菜类等，需要低湿度的如茄子、青椒、豆角、西红柿等。二是把水分在棚内空气中的存在即以湿度来表示的状态要当作很重要的因子来管理。空气中的湿度来源于土壤和作物的蒸发，增加湿度靠灌水、密闭温室和张挂湿帘等。降低湿度靠控制浇水，膜下灌水及放风等。三是土壤水分：实际上温室产量的高低和土壤水分掌握的是否合适关系极大，理想的土壤保水量应控制在65%左右，根系透气性应达20%左右。在这样的环境中，既能适当控制空气的湿度，又能使温室管理相对省工省力，特别有

表7 设施蔬菜主要病害适宜发生的条件

蔬菜种类	病虫害名称	适宜相对湿度(%)	适宜温度(℃)
黄瓜	炭疽、疫病	>95	18~26
	枯萎、黑星、灰霉、细菌性角斑病	>90	20~25
	霜霉病	>85	20~26
	白粉病	25~85	20~25
西红柿	软腐病、绵疫病	>95	
	炭疽病、灰霉病	>90	20~25
	晚疫病	>85	20~23
	叶霉病	>80	18~20
	早疫病	>60	20~22
	枯萎病	土壤潮湿	18~20
	病毒性花叶病、蕨叶病	干旱	
甜瓜	蔓枯病	>90	20~24
	炭疽病	90~95	20~24
	白粉病	50~80	20~25
茄子	黄萎病、枯萎病	土壤潮湿	
	菌核病、灰霉病、黑枯病	>90	20~25
	白粉病	50~80	28
辣椒	疫病、炭疽病	>95	20~27
	灰霉病	90	20~27
	病毒病	50~80	25

利于温室病虫害的防治。表 7 列出温室常种蔬菜主要病害发生适宜的温度和湿度，从中可以看出，如果能把棚内相对湿度控制在 80%以下，就能预防多种病害的发生。

管理好的温室一进去给人以很清新的感觉，地面干净又略显干燥，但在低温的冬季要做到这样很不容易，所以整个水分管理要在满足作物水分要求的前提下尽量做到干燥些。当低温高湿时也可用生石灰来救急：方法是把新鲜的刚出窑的生石灰块均匀地摆放在温室作物行间，下面要垫旧棚膜以隔绝土壤，石灰的多少就湿度而定，湿度大多放些，湿度小少放些。石灰块很快会吸潮而逐渐粉成碎面，既除了空气中的过多湿度，又释放大量热量增加了棚温，熟石灰还是用于土壤消毒和波尔多液的原料，真可谓一举三得。

四、温度管理

(一)温室温度的特点

就如一年的四季温室一天中温度的变化也分四变。清早揭帘前就如冬季是室温最低时，此时温室各部贮存的热以长波辐射方式维持室内温度，如果此时室内在最冷季节能维持在 8℃以上就表明温室性能较好，可以进行果菜类栽培，如仅能维持 5~8℃就只能栽培叶菜类，如连 5℃都维持不住就得考虑放弃冬季生产。揭帘后阳光照射进温室犹如春季到来，温度逐渐回升，温室的墙体、土壤及其他物件均可获得除植物光合作用所吸光热的辐射热，从而提高了温度。与此同时这些物体又放出长波，一部分被棚膜阻挡用于提高温室室温，此时升温较快，到下午两点左右达到夏季气候，此时为室温最高时。这时温室的热量大多被土壤以传导的方式所吸收，有一部分用于土壤水分的蒸发和植物的蒸腾作用，还有少部分则通过覆盖物，墙体及缝隙以横向传导的方式或换气交流的方式流失于室外，到太阳西下即秋冬来临，室温渐渐下降到后半夜转入冬季。

(二)温室效应

温室效应是一个综合效应，简而言之就是通过人工材料和合理利用把阳光尽可能多地有效利用的效应。温室效应由四个因素来决定：

密闭效应:整个温室是严密的封闭体，封闭程度决定了温度的高低，从而对温室生产起决定性的作用。因此在棚室的修建中我们一直强调要结构合理，许多农户因修建温室四度掌握得不好，结构不科学，因密闭效应差，进光差，在严冬季节怎么努力也达不到蔬菜要求的生长温度，这就需要从棚室结构改造入手。

热传导效应：关系到产量的高低，温室是全靠阳光来增温的，没有任何人为加温的设备，所以热传导的高与低就直接影响了棚温和光照，从而对作物光合作用的强弱产生决定性的影响。这就是为什么在管理上我们特别强调要经常清扫棚面，保持清亮的原因。

热转换效应:是提高棚内积温和地温的重要环节，棚温通过热转换增加了地温，当地温达到8~12℃，土壤中的微生物才会活跃起来，当地温达到12~15℃时，从地下向地上部输送的养分才会多。

覆盖效应:是日光温室温度的保障，因此对温室来说覆盖材料特别重要。目前还是以草苫为主要覆盖材料，需要的厚度应不少于3cm。现在有些温室已采用塑模复合材料的保温被，也有的试用纳米保温材料的就更保温，耐用且较轻巧。

五、光照管理

太阳辐射是高效节能日光温室的唯一光源，所以讨论光照管理就显得十分重要。

(一)争取高产光照的措施

资料显示当温室一天仅能得到6小时光照时可视为死亡光照,因作物24小时都要进行呼吸消耗,仅6小时的光合生产不足以维持消耗量,长时间入不敷出就难以维持生命;光照每天6~8小时属于低产光照时间;大于10~12小时才是高产的光照时数。所以修建温室要特别强调"四度"定乾坤,就是要在保证主生产季节每日光照达10小时以上的同时争取在最寒冷的冬至前后每天能有8小时左右的光照,使95%以上的光能进温室。在光照的调控上要注意四点:

1.增加透光率

室外太阳辐射能是固定的数字,我们不可能改变,但我们可以通过最佳温室结构使光能最大限度地进入到温室中。

2.选最优覆盖材料

仅考虑透光率,聚氯乙烯薄膜(PVC)为91%,大于84%~89%的聚乙烯薄膜(PE),在使用2个月后,PE透光率仅下降18%,而PVC则下降45%。现在用的多为防老化的无滴膜,是在加工中挤压或涂压了一层无滴剂或防老化剂后的复合膜,它不但使膜的使用期延长到18个月,还防止了水汽在棚膜上凝结成小水滴影响透光率。比较通用的有醋酸乙烯共聚膜(EVA)。随着化学工艺的不断发展,长寿、保温、防滴的复合膜新产品层出不穷,如泰丰牌中韩合资长寿防雾无滴膜和日本产可用10~15年的性能很好的薄膜,为生产者选用提供了更丰富的产品。

3.科学掌握揭盖帘的时间

在保温的前提下尽量多接受阳光的照射。揭盖帘掌握一个指标,早上揭帘后棚温要下降1~2℃,然后在20分钟内棚温开始上升,如一揭帘温度不下降而直接上升说明揭帘已迟,影响了光照,如20分钟温度不回升则揭帘太早,对保温不利。经验是阳光初照棚顶开始揭帘，下午阳光离棚前一小时盖帘。现在已大多采用卷帘机，可以在短时间揭放帘，这就应更好地让光照多些。最后一点农户更应注重的就是在阴天和雪天或多日阴天的揭放帘问题。假如在阴天或雪天不揭帘，作物长时间不见光照，这时如果猛然揭帘就会发生“闪苗”现象，便使作物苗突然萎蔫。

（二）调光措施

1.张挂反光幕

反光幕是在聚酯膜上镀上铝膜再复合一层聚乙烯膜形成的镜面膜。农户一般把1m宽的膜粘合成2m宽，然后穿在细铁丝上张挂在后墙上。张挂反光幕后，一是可以把入射光反射到棚室后部的作物上，增加了光照从而增加产量。二是适当限制了墙体增温从而使黑夜释放的热量有所减少，增大了温差，使作物呼吸作用减弱降低了养分的消耗。反光幕不但增产10%~15%，产投比可达5:1，是高效节能日光温室必须应用的一项技术。

2.灯光补光

冬季的12~3月份是市场菜价高，而温室光照弱产量低的生产季节，为了增加产量和收入，许多高产大棚都在这个时期采取灯光补光措施，大都收到了较好的效果。补光光源以主要产生作物易吸收的红光和蓝光的日光灯、高压汞灯、弧氙气灯为好。具体方法如下：用3支40瓦的日光灯合在一起挂在离作物45cm高处，光强度可达3000~3500勒克斯，把100瓦的高压汞灯或弧氙气灯挂在离作物80cm处照射，光强度为800~1000勒克斯。补光时间选在早上揭帘前和下午盖帘后的1~1.5小时，如遇阴雨天可全天补光。

3.遮光管理

越夏生产时日光温室常遇光照、温度过高的危害，此时光合有效辐射高达9.2MJ/㎡，靠自然通风也降不下温度，往往造成坐果率下降,作物生长受阻,影响了产量和收入。在这样的环境中,需采取从 11 点到 3 点用黑色遮阳网遮阳的办法,可大大减少透光率从而降低室温,加上适当增加湿度,就可保证产量的正常。遮阳网可选用 SZW—12 或 SZW—14,黑色或银灰色的均可。

(三)改进栽培方法

为了改变受光态势朝有利于增产增效的方向发展，我们都会采取南北向定植的方位,并要采取前低后高的管理方式,以减少作物对阳光的遮挡和提高阳光到达率和有效利用率。栽植密度要前疏后密,中间适当放大,建议采取宽窄行栽植,有利透光、通风和行间操作。还要注重整枝、打叶使光照不被无效浪费。

六、气体管理

在温室相对密闭的环境中气体管理对产量和质量的影响还是较大的,有的可达 30%~40%,气体管理主要是保持合适的二氧化碳浓度和排除有害的气体,如氨气、亚硝酸气、一氧化碳、乙烯和氯气等。二氧化碳是作物光合作用的原料,掌握合适的浓度要看作物的二氧化碳的饱和点和补偿点，在一定条件下作物对二氧化碳的光化吸收量等于呼吸释放量，表现光合速率为 0 时的二氧化碳浓度称为二氧化碳补偿点，在此点以下作物无干物质积累。随着二氧化碳浓度增加,光合作用逐渐增强,当升到一定程度光合速率不再增加时的二氧化碳浓度称为二氧化碳的饱和点。只有满足达到饱和点的二氧化碳浓度才会达到高产,当然二氧化碳浓度过高也是浪费而且对作物生长也不利。

(一)棚室二氧化碳的变化规律

经过一夜的呼吸作用作物会放出二氧化碳，土壤中也释放肥料分解产生二氧化碳，在揭帘前棚室的二氧化碳浓度达到最高值,一般应达到 800~1000 微升 / 升。揭帘见光后,光合作用很快消耗了二氧化碳,约 2~3 小时,棚室二氧化碳浓度大大降低,到下午 3 时下降到 200 微升 / 升，光合作用减弱，植物处于二氧化碳饥饿状态。在这阶段如适当放风，可把大气中的 330~360 微升 / 升的二氧化碳引进来，但也解决不了一般作物所需的约 1000~1600 微升 / 升的二氧化碳饱和点问题。

（二）二氧化碳补充办法

1.增施有机肥，增加土壤有机质含量

这是最基本的增加二氧化碳的来源。

2.补施二氧化碳专用气肥

现在市场上已有专用二氧化碳气肥出售，大都以碳酸钙为原料，作成颗粒状并在里面加工业调理剂和无机酸载体组合加工而成，施入土壤中可缓慢释放二氧化碳。还有一种颗粒剂，亩用 8kg 可产生二氧化碳维持在 1000 微升 / 升左右。

3.方便实用经济的化学反应方法

目前生产上真正用的较多又方便实用，经济价值又高的办法是用硫酸和碳酸铵发生化学反应进行二氧化碳施肥。按每 45~60m² 放一个容器的密度，购置一架工业生产的二氧化碳发生器，既方便又安全。也可放置好耐酸容器后，里面加入适量的水，然后把已稀释的硫酸按水量的 1/7 沿容器边缘缓缓倒入，千万不要把水倒入硫酸中，以防飞溅伤人。每次可倒入用 3~5 天的量，然后每天把碳酸铵按日用量缓缓放入硫酸液中，慢慢搅拌，可使棚内二氧化碳浓度维持在 1000 微升 / 升左右。施放的时间可掌握在揭帘后半小时进行，施放后 2~3 小时保持密闭。通风前半小时应停止施放。作物生长前期从幼苗期、定植和开花结果期均可施放，施放后要注意提高白天棚温 2~3℃，降低夜间棚温 1~2℃，以防徒长。还要适当提高湿度和多施磷钾肥，以保证增产效果。不准备再施气肥前要逐渐降低浓度，让农作物有个适应过程。

(三)有毒气体的排除方法

由于施肥不当,通风管理不科学,日光温室内常常有氨气、乙烯、亚硝酸气、氮气、一氧化碳等有害气体积聚,蓄积到一定程度就会危害作物生长。管理上要注意通风排气,防止有毒气体蓄积过多。主要是要注意不施入未经腐熟的厩肥作基肥,在温室内一定要注意不施用碳酸氢铵作追肥,施用尿素、硫胺作追肥也应尽量穴施,并立即浇水。管理仔细的大棚应注意用PH试纸测试棚中水滴,发现到了8.2以上时就及时通风排气。如已发现有氨气中毒现象时除排气通风外,一要浇水降低土壤溶液浓度;二要根外喷施惠满丰等活性液肥,平衡作物植株体内和土壤的酸碱度;三是在植株叶背面喷施1%食醋溶液可减轻中毒危害。

第二节　设施蔬菜育苗技术

一、育苗的基础知识

(一)育苗的意义和分类

1.育苗的意义

设施蔬菜栽培是在人工保护地内进行的高效栽培,设施成本较高,为了充分利用设施增加产量就必须进行育苗,育苗能有效缩短无效或低效生长期,也有利于苗期的管理,所以温室栽培留下了“有苗一半收”的俗语。

2.育苗的分类

老菜农大都知道阳畦育苗和露地育苗,在设施栽培中我们主要介绍营养土育苗、营养钵育苗和工厂化育苗三类。

(二)壮苗基础知识

1.壮苗标准

作为生产者,要学会鉴别徒长苗、老化苗和壮苗的区别。特别是现在逐渐向育苗专业化发展的情形下，你订购的苗的质量将关系你整个生长季的产量高低、质量好坏、收入大小。

壮苗的特征是：基杆粗壮短而紧凑，节间紧密，叶片大而肥厚，叶色墨绿深亮，根毛多而白且粗壮、无病虫害、无损伤，大小整齐一致。壮苗抗逆性较强，定植后发根快、缓苗快、生长势强，开花结果早。

徒长苗则表现为茎细长、节稀疏、叶薄色淡、叶柄较长，子叶脱落，下部叶子有枯黄脱落状，须根少而细弱。徒长苗抗逆和抗病性均差，定植后缓苗慢，生长势弱，容易落花落果，比壮苗要晚开花结果 7~10 天，不易获得早熟高产。

老化苗茎细弱、发硬，叶小带黄，根少色暗。老化苗定植后生长缓慢，开花结果期短，容易早衰老化。

2.苗龄与花芽分化

(1)关于苗龄与壮苗：苗龄的实质是作物提前生长发育的程度，它不能光以秧苗的实际生长天数来衡量。有经验的菜农，不是看别人播种就播种，而是根据自有的育苗条件和所想要达到的育苗目的来确定播种期。随着生产的发展，商品苗已成为流行的供苗形式，迫切需要一套合适的商品苗壮苗标准供生产者和供应商使用，但用某一个标准来判断正在生长过程中或其他栽培类型的秧苗质量实际上还是较困难的，因此有关壮苗的标准基本还在摸索中。供需双方在壮苗上应遵循下列四个原则：第一有利于促进蔬菜秧苗生产技术标准化、科学化、现代化的实现；第二有利于蔬菜育苗企业强化经营管理，按质论价，降低育苗成本，提高经济效益；第三可按不同蔬菜、不同生长期、不同栽培方式培育不同标准的壮苗；第四适合大批量生产和运输，能促进保护地生产大规模发展。当前，设施蔬菜的发展面临着极大的转机，蔬菜商品苗生产已提到议事日程，对壮苗规格标准也提出了市场化的要求。育苗供应商和生产使用方也具有一定的标准化、商品化意识，迫切需要双方都认可的壮苗指标。现实育苗条件也达到一定的现代化条件，所以可以研究设计一些指标性的壮苗标准供双方参考。

苗龄作为重要的数据还是值得参考的，一般来说，在保护地可满足秧苗所需因子的条件下，黄瓜的适宜苗龄应在 40~50 天，西红柿 35~50 天，青椒 70~75 天，茄子 80~100 天，西葫芦 40~50 天，甘蓝 60~65 天。这里所指的苗龄是日历苗龄，还要参照生长发育程度如叶片数、茎高、茎粗、花芽分化数等为生理苗龄，因此衡量苗龄时应以秧苗大小为主，兼顾生长发育天数。

(2)壮苗与花芽分化：对果菜类来说，我们要懂得植株花芽分化的规律，才会促使采取有效的措施把秧苗培育成早熟丰产的壮苗。

西红柿在三叶展开期就开始了花芽分化，然后以每 2~3 天分化一个花芽的速度向前发展。如以积温来衡量，当活动积温达 550~660℃时分化第一花穗，活动积温达 850~970℃时分化第二花穗，从播种到开花约经 55~60 天，活动积温达 1100~1200℃时，第四花穗已完成分化。

黄瓜花芽分化早且速度快，从第一片真叶展开时花芽已分化 2~3 节，第二片真叶时期，花芽已分化 8~10 节，到秧苗基本长成时的第六片叶时，花芽已分化到 17~18 节。而且黄瓜花芽分化有个特性，刚分化的花是不分雄雌的两性化，要看生长的条件才决定雌雄。大致规律是：从一个植株看，在生长点下面 3~4 节看花芽初生，再往下 7~8 节花芽性别才确定。这也是为什么要特别注重秧苗营养管理的道理。

茄子和辣椒花芽分化约开始在 4 片真叶展开期，以后每隔十天花芽数增加 2~3 倍，到开花期时可分化出 40~50 个花芽，不过能正常发育成果实的花芽仅10%左右。

（三）种子准备

1.种子检验

设施栽培由于是高效栽培，所以要选择适宜本地区生长和市场需求看好的品种，对种子的要求相对也要高。特别是搞育苗专业的棚和商品性工厂化育苗企业更要重视种子的质量，对每批种子都应进行科学的检验。首先要看所购种子的产期，然后抽取样品搞检验并应封存留查。收到样品后可先凭经验搞感官检验：果皮或种皮色泽新鲜且有光泽，表明种子有生活力，相反则无生活力；胚部色泽浅又充实饱满富有弹性者为有生活力，反之则无生活力；种仁无水气黏附，又无特殊光泽和气味者为有生活力，反之则无生活力；豆科、十字花科、葫芦科和伞形科等蔬菜种子含油量高，两片子叶色泽深黄、无光泽、出现黄斑，表明生活力弱或已丧失生活力。

蔬菜种子用价计算：种子用价是种子实际的使用价值，它反映了这批种子在经济上的意义，用正常发芽种子占试样重量的百分率来表示。

种子用价(%)= 种子净度(%)×种子发芽率(%)

种子净度(%)= 供检验品总量—(废种重量+杂质重量)

供检样品总重量

发芽率(%)= 规定测定发芽率天数内正常发芽种子数

供试种子数

在检验中要注意统计发芽种子数量时，凡是没有幼根、幼根畸形、有根无芽、有芽无根毛者、种子腐烂者都不算发芽种子。

2.种子消毒

播前种子处理是蔬菜育苗的重要技术环节之一。消毒前应精选种子，用风选、水选、筛选和人工手选等方法去除杂质和不实种子，提高了种子净度，也就提高了种子的使用价值和育苗成效。

①拌种消毒：可用五氯硝基苯、克菌丹、多菌灵 美林等杀菌剂和敌百虫等杀虫剂按种子重量的0.2%~0.3%干拌消毒。

②药液浸种消毒：

用2.85%硝·萘酸水剂3000倍液浸种；

用50%/代森铵500~800倍液浸种15~30分钟；

用50%多菌灵1000倍液浸种20分钟；

用福尔马林100倍液浸种10分钟；

用10%磷酸三钠浸种20分钟；

用0.2%高锰酸钾浸种10分钟；

用1%硫酸铜浸种5分钟；

用20%氢氧化钠浸15分钟；

用0.1%农用链霉素浸种30分钟。

用药剂浸种要严格按所购药剂说明操作，一般应先将经日光暴晒3~4小时的种子在清水中浸3~5小时后再用药液浸泡，要注意药液浸泡后必须用清水冲洗几次直至无药味后才进行催芽处理。

3.浸种催芽

浸种是为了促进发芽，甘蓝类需浸种2~3小时，黄瓜5~6小时，西红柿、辣椒6~8小时，茄子24小时。浸种前可用“两开兑一凉”的热水冲动种子，方法是把种子放入容器中，然后把两份开水兑一份凉水冲入容器中，边冲边搅拌，直至水温到不烫手停止搅拌开始浸种。浸种后的种子要清洗几次后进行催芽。催芽是育苗必须采取的技术措施之一，它主要是通过满足种子发芽所需的温度、湿度和通气条件使种子能快速发芽。把浸过后经过清洗的种子在冷凉处晾2~3小时，待种子种皮上已无水膜时装入干净的布袋或包于纱布或毛巾中，放入垫有干净衬布的瓦钵或瓷盆中，用湿布盖严置于有热源的地方，保持30~32℃的温度，每日要翻动并保持湿润。西红柿、辣椒2~3日，茄子、冬瓜、西红柿3~5日，甘蓝类1~2日可结束催芽。工厂化育苗的都在专用催芽室进行催芽。有经验的农民将浸种过的种子放入冰箱中冷藏24小时，取出后再在30~32℃的温度中催芽，这种变温处理有利于种子萌发，可以采用。为了整齐播种，要把已露白的种子在淋水透气时检出，用干净湿布包好放在冷藏室中待都催出芽后一齐播种。

二、营养土育苗技术

(一)育苗床面积的确定

日光温室内育苗大都在棚室中部选离前坡1~1.5m，后柱1~1.5m的畦面设立营养土苗床。如承担商品育苗的温室则应适当计算以提高苗床利用率和经济效益。

播种床面积（m^2)=667m^2需种量×每克种子粒数×粒数/cm^2/10000

如以黄瓜为例，每667m^2(1亩)需苗4000株，每克种子数为32~40粒，每平方厘米约需3~4粒种子计算：

黄瓜播种床面积(m^2)=4000株/40粒/克×0.9×2.5×40×0.3cm^2/10000=0.27m^2

其中0.9为种子用价，2.5为安全系数，

如果按黄瓜每株育苗营养面积为10cm^2计算

分苗面积（m^2)=分苗总数×秧苗营养面积=4000×10/10000=4m^2

(二)配制营养土

选择肥沃的非重茬园土和充分腐熟（最好是已翻熟两年的优质厩肥)的厩肥按5:4混匀，再加1/10细炉灰增加壤性。每平

方米床土需加入下列物资:尿素 0.5kg、磷酸二铵 0.75kg、美国产 NEB 一袋、施美腐克一袋、48%毒死蜱 50g、98%磷酸二氢钾 400g。把所有这些翻匀并过筛,用水调成可握成团落地即开的程度。

(三)苗床播种

作畦宽 1.2m 的苗床,畦之间间隔 50cm,先将畦浇透水,一定要做畦畔使水蓄积 5~10cm 深然后渗下。最后把过筛的营养土按厚度铺入湿透的畦内,一般西红柿、辣椒、西葫芦 5~8cm,黄瓜,茄子 8~10m 厚即可。这里需要注明,把苗床底土浇透水是农户多年育苗的经验总结,靠底墒的充足苗期基本不浇大水,避免了因浇水带来的低温、高湿和病害发生。营养畦要高出地面 10~15cm,以提高地温有利苗木生长。把营养土刮平略微镇压就可划格,把已催芽的种子按粒点播在纵横交叉的点内。如小粒种子撒播的就应掺和米粒或粗砂,如需沟播的则用锄开平底小沟,把种子均匀撒在沟内。覆土前应盖层药土即用一代 NEB 混在细土中先盖种,然后覆 1~1.5cm 的细土轻轻按压。为了便于掌握覆盖厚度,可在播后放厚度 0.5~1.5cm 的木条作标志。

(四)播后管理及分苗管理

播后注意一定不要灌水,可立即覆微膜并扣小棚以提高地温,整个大棚在出苗前基本不放风。一般种子出土天数为:黄瓜 3 天、西红柿 6 天、茄子 7 天、西葫芦 3 天、青椒 7 天、胡芹 7 天、甘蓝 2 天、生菜 5 天、西瓜 3 天。在种子出土天数将要到前,要把覆盖的地膜揭开,观察籽苗拱土状况,有带帽拱土的应再撒一层细土压籽,个别带帽的可湿润后帮助脱帽。在未出土前,保持温度应高些,白天可在 25~30℃,夜间 18~20℃,一旦出土应降温降湿,白天 25~28℃,夜间 18~15℃。刚出苗时还要注意遮花荫,苗床小弓棚可适当放风,大棚仍不放风。此间如苗情略显干旱可用喷壶喷稀释的绿宝液。

第一片真叶破心至第二、三片真叶展开为小苗期，根系和叶面积同时扩展，拨脖徒长的可能性比籽苗期小，苗床管理要边促边控，使小苗在适温下充足生长。此时已开始花芽分化，要多照阳光。

分苗是育苗期间的重要管理步骤，分苗的作用一是扩大苗木的营养面积，二是经移苗后的根系受损促发侧根生长，使苗木根系更加集中，有利培育壮苗。分苗密度依作物而有不同，果菜、瓜类偏大些，叶菜类可小些，一般应达 6~8cm³。如果二次分苗则头次为 2~3cm³，二次为 8~10cm³。分苗要选在晴天进行，先把苗床浇透水好起苗。边栽边覆盖，整畦栽完就扣棚保温，夜间要保持 18~20℃，最低不得低于 15℃，以促发生根。3~5 天内基本不放风，中午如温度过高可遮花荫。

（五）成苗期管理

分苗缓苗后至定植前为成苗期，此间管理正值苗木生长速度加快，既要能保证生长又得控制不徒长，所以管理上要巧妙。看苗、看天、看土来管理，控温时不控水，控水时不控温。控温主要是要适当降低夜间床温，白天也要加大大棚放风。管理上在此时地面应见干见湿，要浇水就浇透，浇后放风，床土干时就用铁丝钩划破表土深达 1cm，也可用细土再压 0.5cm 厚，经常下湿上干，有利防止徒长。成苗期可喷 0.5%尿素和磷酸二氢钾水溶液以及爱多收溶液促苗生长。

（六）定植前的锻炼

定植前要用降温控水的管理办法，主要是经锻炼后秧苗体内干物质、糖、蛋白质含量增加、细胞液浓度增大，亲水胶体含量增加，茎叶表皮增厚、角质和蜡质增多、叶色变浓、茎变坚韧，从而增强了秧苗的抗旱、抗寒、抗风能力。定植后缓苗快、成活率高。锻炼的程度依育苗木的棚来定，给大棚、中棚和改良阳畦育的要多锻炼,给日光温室育的苗可少些。要定植前的两三天可浇一次透水,按方割坨,有条件的可割后移动拉开点距离晒坨并适当遮花荫促愈合,准备定植。

三、营养钵育苗技术

(一)方法

用市场上定购的塑料营养钵，也可自制营养土块或泥炭营养钵等容器来育苗,钵内装的床土基本和营养土育苗的一样。在管理上由于不伤根,可比营养土育苗早 5~7 天,但对水分的管理由于没有底墒作调节,要注意少了易干,多了又涝的问题。

(二)地热线育苗方法

营养钵育苗建议为了便于温度特别是地温的管理，采用苗床铺设地热线是合适的，当然如果其他育苗床需要也可参考使用。

1.地热线铺设注意事项

地热线常用的有 600w、800w 和 1000w 等规格。它可以在土壤中提高地温,并缓慢增加苗床地面温度,在寒冷季节是育苗和温室提高地温最有效的手段，而且相对其他增温措施又简便省力还经济适用,所以高效温室往往都要采用此法。其注意事项如下:

(1)只能整根使用,不得截断或加长,也不能布线时交叉、重叠、结扎;

(2)不能在温室空气中使用,必须埋入地下,包括接头部分;

(3)严格在 220v 电压中使用;

(4)从土中起出时,要仔细挖掘,不得强拉硬拽,要注意防止铁锹挖断;

(5)用完后要检查,并放置阴凉处,防鼠虫咬损。

2.铺设方法

严格地说,应该按育苗要求的地温设计需要的功率,然后确定铺线的密度。农户一般应用可两畦育苗床下铺一根线。先将苗床下挖 10cm 然后垫隔热层,就是把切碎的秸秆紧压 5~6cm 厚,上铺一层废旧地膜,地膜要相互重叠使多余的水分可沿缝隙渗漏下去,然后在地膜上铺 3~4cm 厚的细土,电热线就布在细土上。布好电热线后铺 2~3cm 的细土,营养钵就码在这上面。布线时先在床的南北两端按 8~10cm 的距离各插一排坚硬的小棍,然后把地热线从引线开始绕木棍直至把另一头引线从同一方向和上一引线引到一起,插木棍时床边沿处略密一些,好使地温能尽量均匀。不安装控温仪的就把引线直接接在闸盒上,每天根据温度来开闸,一般是在早上 6 点开闸至上午 9 点,下午盖帘后开闸至晚 11 点关闸。如嫌麻烦就购置控温仪,一台控温仪可控 1~3 条地热线,要注意把感温棒放在苗床中间营养土中层即可。

四、工厂化育苗技术

蔬菜工厂化育苗是蔬菜产业现代化的标志,无论拥有工厂化育苗设施的法人是蔬菜专业合作社还是蔬菜育苗公司或是农业企业,其性质都是搞商业化育苗。这种服务于设施农业的企业不是一般意义的社会服务业,政府的农业管理部门,工商管理部门和质检、税务部门都应以积极支持、热情服务、监督协助的态度扶持这些企业的发展,以利整个设施农业朝现代化、市场化和科技化迈进。工厂化育苗企业也要认清形势,了解在蔬菜产业化不断向现代化迈进的今天,蔬菜秧苗培育技术含量逐渐提高,新品种、新设备、新技术的应用一方面给秧苗的工厂化育苗提供了增值的条件,一方面也提高了育苗的成本和对育苗技术提出了更高的要求和难度。对一般种植户来说,也应了解工厂化育苗的一般知识,要适应商业育苗的供需要求,学会合理地保护自己应有的权益。在解脱了繁重的育苗操作的同时,学会更经济地把自己经营的温室和大棚利用好,以便创造更好的效益。

(一)制定好三个计划

工厂化育苗企业要首先搞好计划, 它涉及产品质量及经营状况,涉及企业的声誉和先进设备的利用率。

1.育苗生产计划

在市场化的今天, 育苗企业应在每年年底与使用顾客签订供苗合同,然后按合同制定企业的生产计划。生产计划要考虑设施的配套利用和生产潜力的挖掘。还要有一定的安全系数,一般为合同数量的15%~20%,以应付一些突发事件。

2.育苗责任完成计划

这是具体落实生产计划的责任措施。要通过严格的技术措施把任务分解到各个部门和各生产时段。特别要有每次作业的责任书,以防一旦有事故可查原因,找出克服办法。

3.财务计划

本着节约资源,节约能源,节约资金的原则一定要做好资金的使用计划,对育苗设备的维修和运转费用材料的购置费用,原料的采购费用等都有备无患, 一定不要造成因资金缺乏而耽误育苗进程的情况。

还应掌握工厂化育苗的特点,主要是产品的时间性特别强,一旦延误就会影响客户一季甚至一年的收入。还有就是秧苗的质量关系特别重大,壮苗劣苗对客户影响太大,所以对育苗流程必须严格把关,决不能产生劣质苗木,一旦发生问题,必须有充分的应急措施作为补救。再就是要特别讲诚信,决不能为了秧苗的光鲜而用不该用的生长激素或单纯化肥猛攻, 那样就是自己砸自己的牌子。

（二）工厂化育苗的设施

要根据规模来设计设施的大小，为了经济和运行的合理，在设施栽培集中的地域应以每需苗量2000万株秧苗规划一座工厂化育苗中心，其占地应有33350平方米（约合50亩），其中连栋温室应有20000平方米，催芽室30平方米。播种操作室70平方米，日光温室设大棚种植区10000平方米，工作室、锅炉房、车库及仓库等辅助设施配置设置。在设施栽培不集中的产区，应该按运输距离50km设计一座工厂化育苗中心。

1.栽培苗床

育苗在连栋温室内进行。温室内设置移动苗床，育苗床高60~80cm，宽1.2m~1.5m。

2.育苗苗盘

也称穴盘，规格多样，使用较多的是72孔、105孔、128孔和288孔。一次性育西红柿、茄子及早熟甘蓝采用72孔，籽苗分苗前采用288孔。青椒及中晚熟甘蓝采用128孔。黄瓜、西葫芦可采用50孔。

3.精播机具

工厂化育苗播种是一穴一籽的精播，现在大都采用真空吸附式和机械转动式的机械播机，采购精播机要根据育苗任务大小采购合适规格的。

4.自动喷水、灌肥装置

工厂化育苗都实现了喷水、灌肥的自动化管理。采购这些装置要检测其喷洒的均匀度和控制性能的灵巧度。自动肥料配比机：要实现精确施肥，在工厂化育苗操作系统中就离不了自动化精确配比机，其最大好处是不管水流的大小、快慢都可以准确地按所选定的比例施肥。现在大多购置的是水流动力肥料配比机，其原理是因水流而产生真空吸力作用，从而从浓缩原液桶里吸收一定量的肥料，在按设定比率与水混合，以达到需要的肥液浓度。因施肥时不需要其他动力而深受欢迎，只要打开水源就可自动工作。

5.运输机具

包括在苗床间运输苗盘的小推车和成苗后往客户处送成苗的保温车，要求灵巧方便、经济耐用，采购要结合自有条件掌握。由于并不是周年使用运输车，所以聪明的苗木公司大都采用和专门运输企业订立用车合同的办法，既保证了用车需要又降低了用车成本。

6.检测设备

虽然在商业化运作的时代工厂化育苗所需要的物资都有供应商按标准提供，但为了保证种苗质量和企业自身声誉，还是应自设一套齐备的检测装置为方便。对所用的肥料、种子、生长素、农药要批量抽检，对秧苗生长状况和成苗的干重等也应有检测记录。

图 23　晋中榆次车辋工厂化育苗设施

(三)工厂化育苗技术规范

1.“三准备”检查

按生产计划和责任计划在播前要对设施准备、种子准备和基质准备三项重要程序进行检查,检查要有记录备案。

(1)设施准备:检查整个育苗设施的运转状况,特别是催芽室催芽装置的保温装置,温室的供暖装置和自动喷水施肥装置的状况等。

(2)种子准备:检查种子是否按合同备齐并有多余部分,每份种子处理前必须抽样并保留封存样品。要严格查种子的生产日期,对客户自备种子尽量当客户面留样品供查,双方要共同签封并各自保留一份样品,所有处理种子均要有记录备案,并有专人负责。

(3)基质准备:72孔穴盘每1000盘需准备基质4.7m^3,128孔穴每1000盘要准备基质3.7m^3,288孔穴盘每1000盘需准备基质2.8m^3。基质配方有几种选择:

草炭1:醋糟1:蛭石1　草炭1:蛭石1

菇料1:草炭1:蛭石1　草炭3:醋糟1

珍珠岩1:蛭石4:草炭5　菇料3:蛭石1

每立方米基质中还应添加下列物资:

脱味干鸡粪1Kg,磷酸二铵0.75Kg,NEB1袋,施美腐克1袋,毒死蜱50g,不倒翁50g,尿素0.5Kg。

基质内加肥料因各基质配方不同所加的数量也要不同,加有机无味生物肥较有利苗木生长。最后要测一下基质的PH值,应调试到微酸即PH为6.5~7.5有利育苗。总孔隙度应在75%~85%之间,电导度(EC)调到1.8~2之间,持水量应不低于140%,适宜的气体含量应保持在10%~30%。基质中常用多元复合肥,要选择含量稳定、质量好的优质复合肥,以减少补肥带来的程序麻烦。如用 15:15:15 或 17:17:17 的三元复合肥则每立方米基质加量约为 3.7~2.5Kg。

2.播种程序

不同的播种机器要求不同,应严格按操作程序进行。播种完毕后推进催苗室进行催苗处理，催芽温度和幼苗温度可参考下表：

表 8　催芽及幼苗管理温度表

作物	催芽期		幼苗期	
	温度(℃)	天数(℃)	白天(℃)	夜间(℃)
茄子	25~30	4~5	25~28	13~20
青椒	25~30	4~5	25~28	13~18
西红柿	20~25	3~4	20~23	10~15
黄瓜	28~30	1~2	25~28	18~20
甘蓝	20~25	2	18~22	10~12
芹菜			15~23	12~15
生菜			15~18	10

3.成苗管理

主要是光照、温度和湿度的综合管理,此期由于工厂化育苗基质的持水性有差异，所以一般应保证基质内持水达到 20%，才有利秧苗生长。温度要在满足生长适温的条件下尽量低温管理,以防秧苗徒长。由于穴盘单位营养面积并不多,容易造成养分不足,所以要根据苗情适时适量补肥,常用的是 98%的磷酸二氢钾按 0.5%的浓度加 0.5%尿素再加爱多收于晴天中午喷施。但也要注意不得过量施肥,一旦过量造成基质溶液浓度过大也会产生盐分障害。起苗前一天可浇一次透水,然后倒码盘于专用箱中集中待运。

第三节 设施蔬菜病虫害绿色防治技术

温室具有高温高湿、封闭及连茬种植的特点，与大田栽培相比较，生态条件特殊，因此温室病虫害发生也日趋严重。为有效防控温室病虫危害，简易介绍绿色防控技术知识，供农民应用于生产实践中。

一、病害基本知识

蔬菜病害可分为两大类型。第一类是由微生物传播引起的侵染性病害。第二类是由于自然环境和管理因素不当而引起的非侵染性病害，又叫生理性病害。

1.侵染性病害

引起蔬菜发生病害的微生物称之为病原物。这些病原物可分为四种。首先是真菌，这一类是生产上发生数量最多最常见的侵染性病害，约占病害数量的 70%，如黄瓜霜霉病、西红柿叶霉病、西葫芦枯萎病等。其次是由细菌引发的病害，这类病害发生数量较少，约占病害发生数量的 10%~15%，如瓜类的细菌性角斑病、西红柿青枯病、还有葡萄根肿病等。再次是由病毒引起的传染性病害，如常见的西红柿条斑病、瓜类病毒病、芹菜病毒病，这类病害数量不多，但是防治难度很大。第四是由线虫引起的病害，如西葫芦根结线虫、西红柿根结线虫、大豆孢囊线虫病等。

2.非侵染性病害

这类病害由于环境条件所致，高温高湿引起蔬菜狂长，还有的茎变短细，新叶出现猴头，多为低温影响。较多的是营养元素不足引起的，如叶片发黄为铁元素缺乏，叶片变小为锌元素缺少，果实开裂或者生长受阻多由钙元素供应不足有关，如西红柿脐腐病。氮肥施用过多、叶片黑绿、凸凹不平。非侵染性病害可通过栽培管理,通过人工调节温室环境和施肥而解决。

3.病害的侵染过程

蔬菜病害要经过生理活动、细胞组织以及外部形态上发生一系列的变化。这种变化过程被称为"病理程序",这是区别于虫害的主要依据。蔬菜病害的发生与否,发生轻重程度如何,决定于蔬菜品种的抗病性和病原物的致病能力, 而温室内的环境条件却是起着主要作用。一般来说侵染性病害病原真菌、细菌通过空气流动如刮风,种子带菌,水流如浇水、下雨,土壤中菌群带菌传播为主。病毒则通过昆虫如蚜虫、叶蝉刺吸式口器害虫以及嫁接、整枝等传播,还有机械损伤造成伤口而感病,线虫却以土壤传播为主。

蔬菜病害的发生可划分为系统性侵染病害和再侵染病害。所以说系统性侵染是指蔬菜植株从发芽到收获一次侵染而终生得病,这类病害有各种枯萎病、线虫病。再侵染病害是指反复多次侵染的病害,如灰霉病、叶斑病、霜霉病、角斑病。

4.病害的侵染循环

侵染循环是指蔬菜病害从一个生长季节开始发病到下一个生长季节再度发病的过程。这个问题是蔬菜病害防治必须了解的主要问题。不同的病原有着不同的越冬越夏方式以度过不宜生长的季节。一是温室内病株;二是依附于种子;三是在土壤中越冬越夏;四是附着于病残体;五是混杂于粪肥中。这些都是引起蔬菜发病的初侵染源。目前日光能温室生产病害发生严重与四季连续种植有着密不可分的关系。

温室蔬菜发病有种种原因,导致蔬菜不能正常生长发育,其结果都会使产量减少,品质变劣,经济收入下降。

二、虫害基本知识

危害蔬菜的害虫包括昆虫、蜘蛛、蜗牛，这些种类统称为虫害，均属于有害生物。由于昆虫种类繁多，形态各异，发生时咬食作物的根、茎、叶、花、果，致使作物受损减产或毁种，对蔬菜生产影响很大。

1.认识昆虫

昆虫的特征一是以成虫头、胸、足明显分为三段；二是有前后翅两对；三是有三对共六只足，由这些特点而定性的。大多数昆虫可分为卵期、初虫期、蛹期、成虫期四个阶段。有这些阶段的昆虫可以称为完全变态，最典型的是小地老虎和家蚕。还有一类型叫不完全变态，如蝗虫、蚜虫等，这一类昆虫缺少蛹期阶段。当然还有其他变态类型与蔬菜生产关系不大。红蜘蛛又称螨类，身体只有头和腹两部分及八只足，为害多种蔬菜。蜗牛、蛞蝓同样危害蔬菜，属软体动物。生产上常见的是昆虫中的鳞翅目夜蛾科如棉铃虫、小菜蛾。鞘翅目的核桃虫（蛴螬）和猿叶甲，同翅目的叶蝉、尿蚂蚱、白粉虱、油旱（蚜虫）；缨翅目的蓟马；双翅目的美洲斑潜蝇、萝卜蝇。有菜农说蝇子是一对翅、不是两对翅，仔细观察就会发现有一对翅在长期进化的过程中演变成平衡棒而已。

2.害虫生活史

一种昆虫从产卵开始至下一代产卵为止就是一个世代，一个世代的发育生长过程叫生活史。如果每年有一代或者数代，则虫情发生具有一定的规律。依据每年农事活动操作的方便，常以年生活史作为标准，在年生活史中，害虫有休眠的习性，有的越冬休眠，有的则越夏休眠，还有的兼而有之。危害十字花科的菜粉蝶（菜青虫）是以裸蛹在秸秆、杂草处越冬的，棉铃虫以蛹在土中越冬，瓢虫以成虫在背风向阳的土石、墙缝中越冬，在凉爽处越夏，而有些蚜虫则以卵越冬。了解害虫的生活史就是要了解害虫的发生规律，有利于测报和防治时间的确定。另外了解害虫的口器、气门、刚毛、足的构造，有利于防治时针对性选择农药。

3.危害症状

害虫咬食蔬菜叶片形成空洞和缺刻如小菜蛾，有的形成斑点如蚜虫、飞虱，茎秆呈现圆孔或丝状如棉铃虫、蝼蛄，果实呈现疤痕如马铃薯被蛴螬啃食，还有的形如隧道如潜叶蝇。值得一提的是蚜虫、飞虱、叶蝉刺吸式口器还是病毒的携带和传播媒介，因此防治病毒最关键的是消灭刺吸式口器的害虫，对于控制蔬菜病毒病有着举足轻重的意义。

三、农药基本知识

1.农药的含义及类型

农药是特殊的农用物资，是指用于预防、消灭或控制危害农林植株的病、虫、草害生物以及有目的地调节植株生长的物品，其可以是生物制品，也可以是化学制品或几种制品的混合制品。每一种农药通常都有三个名称，即按有效成分的化学结构命名的化学名称；按标准化结构规定而执行的依生物活性有效成分的简短学名而起的通用名称和农药生产厂家在管理机构登记注册便于流通的商品名称。如大家都熟知常用的48%乐斯本乳油是防治菜青虫、蚜虫和韭菜黄条跳甲的有效农药，其实它的通用名称就是毒死蜱而其化学名称就复杂了。

农药可按化学结构分成十种，也可按来源分为化学合成、生物源和矿物源三种，更多的是按用途分为杀虫剂、杀菌剂、除草剂和植物生长调节剂等四种。在杀虫剂中又细分为杀螨剂、杀软体动物剂、杀鼠剂等几种。

2.农药施用方法

不同的农药加工剂型，具有不同的施用方法，在生产过程中采用的方法如下：

喷雾：就是用喷雾器喷洒的方法，把乳油乳膏、可湿性粉剂加水稀释至所需浓度喷雾。

喷粉：把粉剂装入喷粉剂内，而后施于作物的施用方法。

拌种：将粉剂装入密器，通过搅拌均匀，使每粒种子外面粘上一层药膜后播种，可用于防治种子传播的病害。

浸种：用乳油、水溶剂、可湿性粉剂、片剂等加水稀释至说明所需的浓度，浸泡一定的时间后捞出，晾至半干播种。

熏蒸：使用有熏蒸作用的农药，使其挥发产生气体，达到防治病虫的目的。使用时以 20~25℃为宜。防治线虫病也可用 10%克线丹颗粒进行土壤熏蒸。

灌根：把农药稀释至所需浓度，按一定量的药液浇灌在蔬菜根部的施药方法。防治蔬菜枯萎病和地下害虫可用此法。

其他的还有土壤处理法、毒饵、毒谷、毒土法、茎叶涂抹法、熏烟法，可根据温室病虫发生情况选择应用。

3.农药混用

农药之间是否可以混合使用这是菜农常遇到的问题。主要是由药剂本身的化学性质所决定的，农药按其在水中的反应，大致分为中性、碱性、酸性三大类。一般而言同一属性的农药混用，酸性与中性都可混用，而碱性与中性或酸性是必须避免的。细菌性、真菌微生物农药与化学性杀菌剂是不能混用的。当然在生产中把同性的杀虫剂与杀菌剂混合使用，不仅能防治虫防病，还可减小劳动强度。

四、绿色防控技术

1.绿色防控的基本含义

绿色防控是在“预防为主，综合防治”植保方针的基础上发展而来，针对过分依赖化学的高剧毒农药，对农产品的农药残留、环境污染、生态失衡、人生健康带来的不良影响所提出的。说到底就是通过“无公害”防治，生产出“优质营养、安全”的农产品。把“公共植保、绿色植保”的科学理念贯彻于实际行动。既是实践中的理论创新，也是指导实践的理论基础和发展方向。把以农业防治为基础，物理防治为优先，生物防治为中心，化学防治为手段的技术措施综合运用于生产。任何一项措施都不是万能，都有其优缺点。单纯依赖化学农药控制温室病虫害的路子是行不通的，因此，从农业生态系统出发，考虑到了生态平衡和环境质量，追求经济效益的同时也十分注重生态效益和社会效益。

2.农业防治

第一是轮作倒茬，不在同一温室内连续种植同一种或同一类蔬菜，比如黄瓜、西葫芦均属葫芦类蔬菜，黄瓜的病虫上季为害重，到下季依然发生，并且还有加重发展的趋势。如改种其他蔬菜则能减轻病虫危害。第二是清洁温室。蔬菜收获后把室内的残枝落叶、杂草根茎清除干净，带出室外深埋处理，减轻室内病虫来源。第三是在管理中发现病虫叶片用手捏死虫卵和虫体，摘除最早发病的叶片，防止滋生传染。第四是种植抗耐病虫品种，抗耐病虫机制是各方面的，除品种的外部形态，物候因素外，主要是品种自身的生理生化所决定的。比如毛粉 802 西红柿，叶片表面茸毛多是特性，对害虫的产卵，病菌浸入有阻挡作用。第五是深中耕土壤，合理灌溉等日常管理。

3.生物防治

一是设置性息激素，也就是人们常说的诱芯。一般每棚设置 3 枚，温室可用的有小菜蛾、棉铃虫、小地老虎等。成虫初发期利用直径 10 厘米左右的盆碗，或者废弃的食用油壶，四面上部挖 10 厘米 × 5 厘米的孔口，容器底部加 5~8 厘米的清水，水中可加少许洗衣粉。诱芯悬挂在距水面 3 厘米处，可诱杀雄成虫，每月更换一次，减少产卵和幼虫为害。二是使用生物农药，如苏云金杆菌防治小菜蛾、菜青虫等鳞翅目幼虫。苦参碱、烟碱喷雾防治蚜虫，NPV颗粒防治棉铃虫，阿维菌素防治红蜘蛛，病毒灵防治病毒病。三是保护利用天敌，如瓢虫（花大姐）、草青蛉（蚜狮）、食蚜蝇、虎跳步甲等捕食性昆虫，有利于自然控制害虫，恢复温室生态平衡。

4.物理防治

第一种是挂置粘虫板：每棚15~20块，可诱杀蚜虫、白粉虱、叶蝉、蓟马、潜叶蝇等小型害虫。第二种是阻挡：温室通风处设置防虫网，防止外界害虫飞入。第三种是高温闷棚：比如防治黄瓜霜霉病，当温度上升到30~32℃时然后放风2小时，使温度保持在20~25℃，对霜霉病有较好的防治效果。再比如高温晒墒，夏季蔬菜收获后深翻土地20厘米，在高温下暴晒一周，对下茬蔬菜病虫为害有一定的预防效果。

5.农药防治和使用的原则

大家知道农药毕竟是药，是药就有三分毒，但是在防治中离不了，也不能单纯依赖，这就必须结合其他方面的办法来控制。所以使用农药应掌握几项原则：一是针对性强：也就是对症施药，在分清是病还是虫，是病毒、还是线虫，是真菌还是细菌后，做到有的放矢。二是用药要准：配药时用量杯、量桶、吸管等有刻度的容器，药液兑水要严格。如配药少效果不良，起不到防病治虫的作用。配得过浓既浪费资金又会给蔬菜形成药害，因此用药要准确。三是喷雾要均：喷雾器顾名思义喷出的应是雾滴，不应该是水珠，有的农民把喷头出水口挖大，以达到快的目的，殊不知水珠从叶面即速滚落下来，不利于药液留存在植株上。还有就是植株上下部都要细心喷到。四是用药要足：喷洒农药用量，苗小时30公斤，苗大时50公斤，药液用量要充足。使用超低容量喷雾每棚用药液 4~5 公斤即可。五是要灵活:指的是一方面针对病虫的发生部位,另一方面用药要交替,不能反复常用一种自己认为防效好的农药,每次都如此,更换不同的农药可以防止病虫产生抗性,达到防治的目的。

6.设施蔬菜绿色防控经验

在设施栽培中要特别注意绿色防控，要基本做到以防为主以治为辅,所以有经验的农户摸索了不少好的防控经验,现介绍几种供大家参考。

(1)作物定植时的坐药水定植法:将 1 袋 NEB 和施美腐克加 300Kg 水在定植垄沟上打穴,每穴灌药水 1~2Kg,在水下渗一半时将秧苗放入穴内使根和药水充分接触并扶正秧苗埋土至根颈部。如有个别苗下的药水下渗太多,穴已干,切记一定补充药水。埋土后不要当即覆盖地膜，也不要马上灌定植水，而要放 3~5 天，待新根长出后并开始新叶生长时再浇定植水，覆盖苗床。秧苗刚定植,如骤然浇水,湿度增大,地温下降,不容易发新根,还容易受病害感染。用药水坐苗,在略干的环境中促发生根,然后再浇水就不会染病,这段时期,每 7~10 天一定要在夜间熏蒸大棚并交替喷施瑞毒杀星、多菌灵、白菌清、霉毒铵、菌立天、金来青等农药进行预防。

(2)烟雾熏棚:在生长期注重综合防治的同时,要着重烟雾熏棚,既不增加棚的湿度,又较喷雾易到达作物所有部位。最好选在傍晚放帘前进行,好使烟雾易下沉,提高防治效果。大棚内要多点摆设,布点均匀,燃放时从距门远处开始,逐渐退到门口,并紧闭门,在门口快速退出,直到第二天再打开通风,通风结束后,人再进棚作业。常用的普及型烟雾剂有硫黄粉加锯末、百菌清等,还可根据长势选择蚜绝烟雾剂、克菌灵烟剂、速克灵烟剂、虫螨净烟剂、腐霉剂等交替使用。

(3)生长后期的挖穴防治:大棚作物在生长后期往往显出退化的迹象,根系生长开始衰弱,抗病能力也显著降低,吸肥吸水力也相继下降。此时可采取敞穴防治办法,结合追肥增强作物的吸肥吸水能力和防病能力。具体方法是在生长垄上两株作物之间靠灌水沟侧挖深一锹粗约半锹的敞穴,穴底高出灌水沟沟底5cm,如灌水时可使水流入穴内,又不致把穴追施的肥料和灌入的药剂完全冲走流失。穴上口的地膜相应也要撕开,留小口供追肥和灌药,每次追肥和灌药都应在浇水前2~3天进行。追肥可选用生物菌肥、复合肥和NEB及爱多液等,灌药可根据作物防治需要选用适宜灌根的药物交替施用,如:普敌克、噻唑磷、苯菌灵、甲基立枯磷、腐霉剂、甲基硫菌灵、甲霜灵锰锌、福美双、DTM、霜霉威、丙森锌、乙磷·锰锌、杀毒汞、双效灵、防霉宝、治萎灵、菌毒清等。

五、常用药剂名录

为使农民朋友们知道较常用和较新的各种农药,我们在这里列举了杀菌剂和杀虫剂的一些名录,具体含量和专门用途就不一一作介绍,大家可按照说明使用。

(一)杀菌剂

井·蜡芽、宁南霉素、嘧霉胺、苯醚甲环唑水分散粒剂、粉脂酸铜、显达(腈菌唑)、必得利(代森锰锌)、施佳乐、速克灵、灭霉威、安泰生、金莱克、农抗120、溴菌腈、凯克星、敌菌灵、新星、混杀硫、植病灵、利博、DT、可杀得、所夷霉素、加瑞农、福星、仙生、特富灵、戾特灵、乐必耕、盖斯克、施保功、多氧清、阿米西达、世高、丰护安、绿亨一号、病毒一号、病毒必克、铜高尚、乙磷铝·锰锌、双扑、毒散、大富丹等。

(二)杀虫剂

苦参碱液、苏云金杆菌、阿维菌、天幼脲、吡虫啉、阿克泰、扑虱灵、二嗪农、农克螨、阿波罗、黎芦碱醇、哒螨灵、天王星、克螨特、毒死蜱(乐斯本)、啥虫双、卡克死、Bt、特力克、凯撒、寨波凯、功夫、抑太保、菊·马、白僵菌、增效氰马、锐劲特、除尽、多杀菌素、腺虫糜、农地乐等。

第四节　蔬菜均衡上市与商品化

蔬菜是人们日常生活离不了的主要食品，是商品化程度极高的农产品。由于其食用的鲜活特点和难贮存的特性,所以在生产中要考虑周年供应。作为农户要想靠生产蔬菜增加收入,就必须关注市场的变化,依照市场规律来调节蔬菜的生产。不仅要了解当地蔬菜生产和市场状况,还要掌握周边及外地的市场变化,才能适应市场要求,收到好的效益。

一、蔬菜茬口安排与均衡上市

(一)日光温室的茬口安排

冬暖式日光节能温室主要拿收入的还是秋冬茬果菜类栽培,每年八月育苗,九月定植,从十一月开始采收一直延续到第二年的六月底,以栽黄瓜、西红柿、茄子为主茬。冬春茬的大多略迟些,育苗在十月,定植在十一月,采收在第二年的一月至六月底。本茬正值寒冬季节,管理难度大,但经济效益高,要掌握好管理技术也会获得好收入。早春茬一般前茬靠小作物如油菜、生菜、胡芹等度过严冬后,在十二月育苗,二月定植,三至六月采收。对新栽温室和还没有掌握好技术的种植户来说采取此茬栽培是较保险的方法,对西红柿来说,高产棚大多是越夏茬,即十二月育苗,翌年二月定植,四月开始采果,越夏直到十二月拉秧,每株蔓长可长到7~8m,结果多达20穗以上。但要求管理者技术水平要高，把根养护得强壮不衰。

西葫芦的管理相对容易，但生长期难延长，所以大多翌年两茬栽培。豆角由于既怕冷又忌热，所以往往也是两茬栽培。一般从八月中旬至九月上旬播种或育苗，十月下旬开始上市，管理好可采收到春节后拉秧。冬春茬栽培一般是十二月下旬到一月中旬播种育苗，一月上旬到2月上中旬定植，三月上旬开始采收直至六月拉秧。

(二)大棚蔬菜的茬口安排

1.早春茬

大棚扣棚在三月上旬，经晒棚半月后，大多在三月下旬至四月上旬开始定植，可定植黄瓜、西红柿、茄子、豆角、早熟土豆、青椒、西葫芦、甜瓜、西瓜等多种蔬菜，这茬栽培的西红柿、青椒、茄子如夏天经越夏管理措施得当可一茬到十一月底。

2.延秋茬

早春茬的蔬菜除土豆外都可栽延秋茬。延秋大棚的春茬结束后，翻地晒土消毒。七月上旬定植或直播延秋作物，一直到十一月底拉秋秧。黄瓜、西红柿、豆角、胡芹、西兰花、青椒等都可在这茬栽培。如果在大棚内加小棚覆盖胡芹、秋莴笋、西兰花、生菜等就可延续至十二月再拉秧。

(三)改良拱棚的茬口安排

改良拱棚比较特殊，所以其栽培模式一并在此作简介。

1.周年栽培模式

改良拱棚可常年栽培的小菜有芹菜、芫荽、油麦菜、茴子白、油菜、生菜、香葱、樱桃萝卜、豌豆苗、苋菜和蒲公英。这些菜一年几茬，一棚收入可达0.6~1万元。

2.连作茬口模式

(1)秋茬(黄瓜、茄子、西红柿、青椒等)—冬茬(胡芹、油麦

菜、香葱、生菜等)

(2)秋冬茬(胡芹、油菜、香葱等)—早春茬(茴子白、早黄瓜、早西红柿、早豆角等)

(3)冬春茬(茴子白、胡芹、生菜、油麦菜、芫荽等)—夏秋菜(大白菜、芥菜、秋豆角等)

3.几种特殊的种植模式

(1)早春甜玉米。2月上旬在家炕头用纸筒育甜玉米苗,3月上旬移植于改良拱棚,五六月初开始上市,每亩可产玉米6000余穗。

(2)青葱全年保鲜栽培。另选育苗地,将青葱育成苗后,常年移栽于棚内,周年供应市场,一年可收四茬,每茬产葱2000Kg,全年可产青葱8000Kg。

二、蔬菜商品化的措施

(一)正确认识蔬菜商品化对周年供应的意义

蔬菜是人们每天离不了的食品，蔬菜又是市场上很敏感的重要商品,它的价格关乎市场稳定,人心稳定。2010年秋冬菜价曾大幅上扬,豆角竟卖到每公斤14元。所以中央强调各地市长必须抓菜篮子工程。作为生产者的农户必须转变观念，要把蔬菜生产放到大基地、大商品、大流通、大市场的格局中去考虑。要看到国际市场上我国蔬菜出口仍占一定优势，所以发展创汇型蔬菜依然可以创造较高收入;还要看到随着城镇化的加速推进,市场上需要更多的蔬菜上市,所以蔬菜商品化的大格局只会增强不会减弱;更应考虑的是随着人们生活水平的提高,对菜品的质量，包装和加工及销售形式都提出了更新的要求。所以生产者要顺应市场的变化来安排周年生产，要学会考察市场掌握行情。还要学会精细化生产,改变粗放生产方式,提高商品化率。

(二)提高组织化程度

现代化生产和现代化商业都是对事不对人的竞争性生产方式,它要求的快捷、高效、整齐和低成本决定了整个程序的组织化程度必须达到一定水平才能生存和发展。而现阶段我们的现状却十分缺乏组织，因而往往在激烈的竞争中被无情地淘汰出局。我们建议一方面农户要组织起来参与到各种形式的蔬菜专业合作社,一方面政府应抓市级专业合作社的筹建,把懂市场的销售管理人员，懂技术的农业科技人员和懂生产的农户组织起来,按市场化的运作方式建立经济型,密集型的联合体。它是政府抓蔬菜设施生产的主抓手,也是开拓市场的生力军,更是组织现代化设施农业生产的弄潮儿,只有这样才能让设施农业健康、顺利、有效地稳步发展。

第三讲 设施蔬菜栽培各论

第一节 黄瓜

黄瓜是人们喜食的一种大众化蔬菜，也是温室栽培的重要作物，其栽培面积约占温室总面积的40%以上，每年12月份上市，翌年6月份腾茬，结瓜期半年以上，一般亩产0.8万公斤，产值2万元以上，最高亩产1.6万公斤，产值3.2万元。

一、茬口安排

日光温室黄瓜栽培一般是根据市场销量、价格预测、保温条件、技术水平、土壤质地进行安排。在晋中地区，黄瓜生产大都从9月份到翌年6月份，生产周期10个月左右，主要是秋冬茬和冬茬两种。

(一)秋冬茬

一般是8月下旬育苗，9月下旬定植扣膜，或9月上旬直播，11月份开始收瓜，翌年1~2月份拉秧。根据下茬作物提前在棚内育苗，主要育辣椒、番茄、甘蓝、茄子、西葫芦等，黄瓜腾茬后定植，两茬栽培。

(二)冬茬

一般是9月中下旬育苗，10月上旬嫁接，下旬定植，12月份开始收获，一茬到底。

冬春茬栽培，大多是前茬为西葫芦、油白菜等，2月份定植或直播黄瓜，也可获得较好经济效益。

茬口安排要注意两点：一是高标准结构的日光节能温室完全可以种植黄瓜，但保温性能差的温室不要盲目种植黄瓜，以免导致失败减收。二是充分利用温室空间，前棚面较低，不宜栽培黄瓜,可种植韭菜、油白菜、胡芹、生菜等耐寒性矮生作物;后部空间可进行早春栽培营养盒育苗,吊盆生产花卉等。同时,温室育苗后,可供大棚或拱棚定植、地膜覆盖一条龙工厂化生产,这在近郊菜区已是一条成功高产高效经验。番茄、辣椒、西瓜、胡芹、茄子等可比露地提早定植 1~2 月,亩产值 10000~16000 元,且成本低、工序不复杂,宜大面积推广应用。

二、嫁接育苗

(一)嫁接育苗的好处

目前日光温室冬春茬、秋冬茬大多采用嫁接育苗,越冬茬全部为嫁接栽培。黄瓜嫁接技术是农业栽培史上的一大革新,是大幅度提高产量增加效益的重大突破,推广速度快,采用面积大,嫁接技术之所以成为农民的关注点,其好处主要有五点。

1.增强了黄瓜的抗病能力

枯萎病一直是威胁黄瓜生长的一大病害,它是由土壤、种子带菌等传播,由于连茬、肥料等原因,直播黄瓜常出现点片发生、大片死苗,严重减产,有的甚至绝收。不少菜地因倒茬问题而不能栽培黄瓜。而嫁接黄瓜由于采用了高抗病害的黑籽南瓜,枯萎病基本不发生,解决了栽培史上一大难题。

此外,由于嫁接植株生长健壮,茎粗叶绿、根系发达、植株自身素质高,对疫病、霜霉病、病毒病、角斑病及生理性病害有良好的抗性。据笔者近几年观察,嫁接苗比自根苗降低发病率 80%左右,发病时间推迟且发病程度明显较低。

2.提高了黄瓜的抗低温性能

黄瓜在保温性能差的温室中不能正常生长, 主要是根系耐低温差引起的。自根苗主要集中于 20cm 之内土壤,尤在 5cm 土壤中较多,这个范围正是温室因太阳光直射、辐射热聚积波动幅度大的部位,尤其阴雪天和严寒的一月份,凌晨乃至全日地温降到12℃以下，造成黄瓜不长新根，根毛脱落，不能进行正常的生理活动，叶片发黄，植株不长或生长缓慢。而黑籽南瓜根系基本分布在地下20~30cm，相对土壤地温波动幅度较小，抗低温能力增强，在地温10~12℃，凌晨棚温6~10℃黄瓜也能正常生长。

3.克服了土壤连作后的障害

自根苗根群小，对不良的生理性病害抵抗力弱。土壤生理病害也叫土壤障害，主要有两种：一是土壤积盐。过多施用化肥，过剩的肥料在温室保护栽培条件下不断积累，盐分随浇水上升集聚于表层而危害根系浅的黄瓜。或改良后的盐碱地所建的温室，盐分上升直接危害根系浅的黄瓜。而南瓜根系深且广，土壤表层盐分对其危害较轻，即使在盐分含量稍高的情况下，只是轻微影响生长，气温回升后还可以正常结瓜。二是在黄瓜生长过程中，根系能分泌出一些有毒物质，如柠檬酸、酒石酸、水杨酸等及其他有毒物质，这些物质由于不受雨水淋洗和大水漫灌渗透影响，在土壤中越积越多，危害黄瓜生长，而南瓜根系则无这种现象，故不忌讳连作。因此，南瓜嫁接黄瓜对克服连作障害是十分有利的。

4.植株生长健壮

据笔者多年观察，嫁接后15天的苗一级、二级侧根30~40条，是自根苗的4~5倍，主根长是自根苗的3.1倍，且茎粗叶绿，叶面积系数高，由于嫁接苗有庞大的根系，吸水肥能力强，促进了地上部生长。

5.结瓜期长，增产率高

由于嫁接苗植株生长繁茂，叶片嫩绿，叶绿素含量多，光合同化率高，大幅度增加了产量。据笔者多年联产承包温室实践，嫁接苗比自根苗结瓜期延长3个月左右，增产幅度110%~200%，且瓜条基本顺直，增效1.5倍以上。

(二)砧木与接穗的选择

当前用于黄瓜嫁接的砧木主要是云南黑籽南瓜,优点有:一是嫁接亲和力高,在适当的温度湿度和有较好嫁接技术下,成活率可达98%以上;二是根系发达,尤其在地温较低的情况下,根系的伸长能力比其他南瓜强、生长力旺盛、抗病抗逆性强,这是云南黑籽南瓜的显著特点; 三是嫁接后能保持黄瓜的风味和品质;四是具备丰产、适应性广等优良砧木条件。

黄瓜接穗品种目前主要选择天津96-3、圭佳、益佳128、锦优1号、博杰12、博杰13、津优31号、京研迷你4号等。

(三)嫁接育苗、培育壮苗

1.配制营养土

要求土质疏松、肥沃、无虫无菌,具体配方为:无菌肥沃中壤偏砂园土50%,腐熟的有机粪30%、骡马粪20%,每1000公斤粪土中加尿素0.5公斤,磷酸二氨0.8公斤。全部用料过筛后混合均匀,用50%多菌灵300倍,菌毒清200倍,40%毒死蜱2两,喷洒搅拌堆闷,经高温闷棚后使用。一般嫁接育苗,育苗需用地1分,可供0.5亩棚定植。

2.浸种催芽

黄瓜籽用55℃水搅拌降至30℃后, 浸种4~6小时, 捞出后,用湿布包好,在30℃左右环境中催芽,一般20个小时即可露白下种。黑籽南瓜先用60℃温水浸种15分钟, 降温后浸种10~12小时, 捞出用清水冲掉种子表皮粘物, 稍凉后,在30~32℃环境中催芽,一般48小时开始露白下种。

3.播种时间

靠接法简便实用,易于操作,成活率高,故适用于大面积采用。靠接法要求较大、粗壮的接穗,株距1.5寸,出苗后子叶平展。开始浸种南瓜,在黄瓜真叶刚露时播种最好。据笔者几年实践,嫁接成活率高低、秧苗素质主要取决于南瓜,南瓜播后生长快,一般3~4天出苗,5~6天即可嫁接,为防止南瓜茎空杆,嫁接必须及时,如时间紧,在苗床应及时剔去南瓜真叶,南瓜苗采用营养钵播种操作,缓苗效果更好。

4.播种及管理

将畦平整浇水下渗土壤表层略干后,黄瓜按5cm×5cm,南瓜按4cm×4cm排放种子,然后覆细砂土2cm,上覆微膜,随之盖小拱棚。白天30~35℃,夜间20~25℃,地温25℃,现苗后揭去微膜,根据温度拱棚膜要进行通风,苗齐后可喷500倍农家宝或叶面宝。黄瓜下胚轴7~8cm,第二片真叶破心,南瓜下胚轴6~7cm,第一片真叶破心为嫁接适期,如黄瓜苗达不到该高度,可在嫁接前稍盖膜,提高畦温,使之嫁接后黄瓜苗子叶居于南瓜之上。

5.嫁接

嫁接前应准备锋利新刀片每亩地5~6个,一折为二;剔南瓜心竹签两个,嫁接夹每亩4~4.5公斤,并准备一个小方桌和几个小櫈子。一般每嫁接组以6~7个人组成最好,一人取苗剔心,3~4人嫁接,2人栽苗,顶部放草帘子遮阴。

嫁接方法:将两种苗取出,剔除南瓜真叶,从子叶下方1cm处自上而下呈40°下刀,割深为茎粗的一半,长1cm左右,轻轻握在左手。再取黄瓜苗从子叶下部1.5cm处自下而上呈30°~35°下刀1cm左右,深度为茎粗3/5,两种苗对住切口用嫁接夹夹紧,黄瓜叶在南瓜叶之上呈“十”字形,随后立即栽入苗床。注意嫁接速度要快,切口镶嵌的要准,按株行距10cm,挖5cm深沟,浇2/3沟深水后,将嫁接苗南瓜根向南栽入泥中,把土沟垫平,不要埋住嫁接夹,刀口处不能沾泥和水,边栽边浇水边盖棚膜。

嫁接后管理:

①温度:从嫁接到切口愈合,一般需7~9天,黄瓜接口愈合的适宜温度为26℃,温度低,接口愈合慢,易腐烂影响成活率,温度过高导致嫁接苗失水萎蔫。嫁接后3~5天,白天棚内温度26~30℃,夜间18~20℃,不超过30℃,不低于15℃。5~天时,白天22~26℃,夜间15~18℃。9~10天后开始小通风、大通风。

②湿度:保持一定湿度是嫁接成功的苗关键所在,湿度需保持在90%以上,尤其在嫁接后1~4天内,小拱棚应盖严,不能通风。

③遮阴:为顺利度过愈合期,防止烂根、伤口腐烂和阳光强射萎蔫,揭盖草帘必须科学。1~3天全天遮光密闭(阴天可不遮),3天后由小到大逐步见光,即先下午4点后见光,随之每日缩小盖帘时间,切忌揭盖过急,形成闪苗萎蔫,影响成活率,要及时遮阴喷水,停止通风。

④嫁接后期管理:伤口愈合后,要求相对湿度60%~80%,白天温度23~25℃,夜间12~15℃,昼夜温差10~12℃,有利花芽分化。要经常检查秧苗,发现南瓜苗新长心叶,要及时剔除,减少养分消耗,并及时喷天丰素、化肥精或磷酸二氢钾以促苗壮长。一般嫁接苗10~15天伤口完全愈合,可及时用刀片沿嫁接夹接口下部剪断黄瓜根,再从紧贴地面处剪断,防止黄瓜茎二度愈合或产生不定根,降低抗病能力。

嫁接苗令随室内气温有所不同,越冬茬一般9月下旬育苗,嫁接、定植需30~35天,冬春茬40~45天,秋冬茬25~30天。

三、越冬茬黄瓜栽培管理

(一)定植技术

1.闷棚高温、药剂消毒

黄瓜霜霉病、白粉病等真菌性病害,45℃以上病菌分生孢子停止活动并逐渐死亡。根据这一原理，一是9月中上旬扣上塑膜，密闭后棚温中午可达60℃以上，处理5~7天，病菌孢子可全部杀死。二是10月上旬定植前，用848消毒液250倍或50%多菌灵500倍、0.5亩棚用5%防霉灵0.5公斤将墙、立柱、后屋面全部喷一次药二次杀菌。三是每间温室（0.5亩）用敌敌畏1.5公斤、硫黄7两、锯末1.5公斤夜间点燃熏棚。四是每0.5亩棚用50%多菌灵粉1.5公斤喷于地面，耕耙后土壤杀菌。以上四种方法对于新建棚可选用1~2种，对旧棚、连作多年棚可选用2~3种，实践证明，播前杀菌方法简单，效果显著。

2.施足底肥，增施微肥

黄瓜根系弱，吸肥力差，生长周期长和处于严冬季节，因此施足底肥是黄瓜丰产的根本措施。据多年实践，一亩棚亩产要达到1万公斤以上，可多肥压底。一是高质腐熟的鸡粪、牛粪、马粪、猪粪、羊粪、茅粪亩用量1~1.5万公斤。鸡粪氮、磷、钾含量高于其他农家肥，是温室大棚最佳选择，但鸡粪必须用硫酸亚铁及毒死蜱等杀虫剂堆沤腐熟。生鸡粪及未腐熟鸡粪不能盲目施用，否则盖膜后会大量释放氨气，当空气中含氨量达到0.1%以上时，黄瓜就会受害。轻者植株中上部功能叶叶绿组织萎蔫变褐色，重者全株叶片萎蔫下垂、干枯变黄死亡。在我市不少棚室产生鸡粪氨害，使黄瓜苗造成损失的事例屡见不鲜，必须认真对待。二是亩施饼肥200公斤，磷酸二铵60公斤，过磷酸钙50~100公斤。三是亩施硫酸钾或磷酸二氢钾10~20公斤。四是硼砂亩施0.6公斤、硫酸钾1.5公斤，还可喷矮丰素每亩2~3公斤，壮苗稳长。

3.严格整地

耕耙2~3次，土肥必须混合均匀，防止施肥不匀出现根系受害死苗的问题。为做到黄瓜全生育期植株吸水一致，应整成高标准园田。采用南北向双高垄地膜覆盖，一般可提高地温2~3℃，还可减少土壤水分蒸发，降低棚内湿度，地膜还可起到反光作用。双高垄规格为垄高20~25cm，垄宽底部30cm，小垄间距50cm，大垄间距70cm，起垄后，为保证垄面水平，应定植前先饱浇水一次，以不跑水为原则，然后去掉水线上干土，这样，垄面从北到南高低一致，可奠定定植后浇水的均匀性。

4.定植方法与密度

定植应选择晴天进行，顺垄开沟浇水，摆苗时南瓜根系向南，以利吸收阳光，培土深度以保持苗坨与垄面相平为准，不要使秧苗嫁接切口接触地面，避免接穗黄瓜产生不定根而感染枯萎病。定植密度植株平均27cm，靠前部25cm，中部27cm，后部29cm，使之植株均衡受光。

5.盖膜引苗

苗坨培土后，浇足沟水，水下渗后不要急于盖地膜，任其生长，有利于太阳光直射地面，提高地温，待5~7天后大量滋生出新根后，用100cm宽地膜覆盖，在有苗的地方先划2寸长十字小口，轻轻将苗掏出，将膜压下拉平，坨周围用土轻埋塑料，防止漏气跑温。

(二)苗期管理

缓苗前管理重点是防止植株体内水分过分蒸发，促进幼苗早生根，早缓苗，因此，棚温应控在白天28~32℃，夜间20~22℃，不低于18℃，保持地温18~20℃，管理上温室不超35℃时密闭不通风，7~8天，可扎根生长。

返苗后到根瓜采收期，是黄瓜营养生长与生殖生长并进阶段，管理的中心是协调营养生长与生殖生长关系，防止秧苗徒长，培育丰产植株。温度以白天20~30℃，夜间10~15℃为宜。根据墒情、土质科学浇控，如中壤、砂壤，可浇透一次缓苗水，以利根系扩展，黏土地可不浇或推迟浇，以后至采瓜前控制浇水。10~11月份，如干旱少雪，棚温会出现昼夜温差小、日温高，为此要注意30℃以上开始放风，降温排湿，并中耕松土，增温通气，促根下扎。苗期病虫要着重防治美洲斑潜蝇、蚜虫、白粉虱、病毒病、根腐病，可喷打病毒A、菌毒清、吡虫啉、蚜虱净、可杀得、阿巴丁，并加入农家宝、天丰素、增瓜灵，喷打次数：激素一般1~2次、农药视虫情而定。

（三）结瓜期管理

日光温室嫁接黄瓜结瓜期从12月份开始到翌年6月底结束，经过一年最冷季节转入气温回升阶段，此期的管理应重点抓好七点：

1.温度与光照管理

（1）严寒季节，1~2月份外界气温最低，日光温室管理的中心是提高入射光、贮温、保温，使之辐射传热于地温。太阳出山后揭开草帘，并开始降温，10~20分钟后棚温回升，下午棚温降于20℃时放草帘，即使阴天也要揭盖草帘，使植株多见散射光。这样白天尽可能多采光贮热，夜间采取一切措施防寒保温。即使白天中午温度上升到32℃，也不要大通风，如继续升温，可打开顶部缝隙略通风，并要经常抹洗棚膜灰尘，多进阳光，这样，白天保持棚温20~30℃，上半夜15~20℃，下半夜12~15℃，最低不能降于10℃以下，如降于8℃，就要检查保温设施，采取措施。自然形成了中午、下午、上半夜、下半夜四种不同棚温。（2）气温回升后的管理。2月下旬后，气温开始回升，日照时间逐日长，强度逐日大，黄瓜也进入了结瓜盛期。温室要保持白天25~32℃，不超35℃，夜间15~20℃，这样的温度黄瓜健壮生长，营养生长和生殖生长协调。进入3~4月份后，在水肥充足前提下，可保持棚温25~35℃，夜间18~20℃，有利多结瓜，抢市场。

2.浇水

结瓜开始后,外界气温逐渐下降,此期要处理好结瓜、长秧和地温及根系之间矛盾,根据黄瓜根系对地温敏感,尤其不能降于12℃特性,应根据保温性能、土质、植株长势科学浇水。水分缺少,影响营养生长和生殖生长,满足不了黄瓜蒸腾、生理代谢、结瓜的需要;浇水多又水量过大,降低地温,植株生长缓慢,叶色变黄,出现沤根死苗。浇水应掌握中壤或沙壤地间隔时间短些,黏性土壤间隔要长些,一般15~20天浇一次水,浇水应选择晴天中午膜下暗浇,不能浇宽行和大水,这样有利于地温的恢复,中午可适当通风排湿。黄瓜严冬浇水要消除盲目机械地根据理论日期灌溉和怕降低地温而不浇两种倾向。如卷须弧状下坠,叶柄和茎夹角超过45°,中午叶片下坠那就可能缺水,应及时浇水。

2月下旬后,气温回升,黄瓜进入结瓜盛期,也是需水高峰期,一般7~10天浇一水,惊蛰后大小垄漫灌,浇水当天放风降湿,创造既要满足结瓜对水分的需要,也要适当控制湿度,以70~80%为宜,避免病害传播。

3.营养管理

(1)追肥。开始采瓜后,黄瓜对肥料要求逐渐增多,第一次随水最好追黑金刚或膨果金油等多元素微肥,有利植株壮长。以后每次随水亩追尿素20公斤或磷酸二氢及黄瓜专用肥、西洋牌氮磷钾复合肥10公斤,每次最好将化肥提前用水化开,然后随水舀入追进。进入结瓜盛期后,不浇空肚水。根据植株对氮、磷、钾及微肥的需要,重点追施史丹利等全量肥料,每次亩施20公斤,尿素8~10公斤;或者随水追用黑矾、农药处理后的茅粪、腐熟鸡粪10~20桶,可供给植株氮素及铁、钙等营养。但农肥人粪尿追施只限于烧灌在塑料小垄沟内,不能淌于大垄背,防止氨害伤苗。几种肥料可轮换追施,但棚内不能追碳铵,即使溶于水追,烧根氨害时有发生。随着植株结瓜进入后期,追肥次数,追肥量可适当减少。(2)叶面喷肥。要保持植株壮而不衰,延长结瓜盛期,叶面施肥是一项温室黄瓜的重要措施,尤其嫁接黄瓜结瓜期长,产量高,除氮磷钾外,还需要大量的硼、锌、钙、镁、铁、硫等元素,如忽视微量元素的补充,温室黄瓜常会出现烂顶心叶、叶缘变褐、降落伞、心叶变黄、叶脉现褐、上部叶变黄等症状,严重影响黄瓜正常生长,为此,根据底肥、追肥品种和棚内植株长势,可叶面分次分生长期喷打肥力高、化肥精、喷施宝、喷就发、绿芬威1—4号、农家宝、爱多收、花蕾宝、黄瓜灵、蔬菜灵、氯化钙、钛中钙、氨基酸钙、瑞普速效钙、百佳大肥旺、金一百、硫酸锌、硼砂、天丰素、绿叶宝、多得稀土微肥、黄叶一施灵、探路先锋、双效微肥、菜丰收、绿勃康等。实践证明:施用上述微肥激素均可收到良好效果,但使用微肥激素一是要有针对性,二是每次用1~2种,三是浓度不可随意加大,四是每月喷2次为宜。同时,还可兑磷酸二氢钾、白糖、牛奶、尿素、三元复合肥等,药液喷在叶背,调节补充叶片碳氮比例,使之叶色变绿,提高光合作用,防病增产。

4.二氧化碳的使用

经笔者多年在温室使用CO_2气肥观察,使用后植株表现叶片浓绿,叶绿素含量增加,处理区黄瓜平均节间距8.2cm,单株叶面积$0.65m^2$,叶面积指数4.1,分别比未处理温室减少和缩短2cm,$0.15m^2$,1,通风透光优于CK区。且瓜条整齐,畸形瓜比CK区少5%~7%,市场商品率高。从产投比看,使用后单株结瓜2.53公斤,每亩产量10120公斤,每亩温室投资(稀硫酸、碳铵)120~150元,增产10%~15%。

当前温室CO_2使用有气袋、稀硫酸、碳铵等多种,从成本和农民易接受的角度看,还是稀硫酸与碳铵产生的CO_2方法简便易行,每0.5亩棚放高30cm、内径35cm塑料桶6个,每桶加水、稀硫酸按 3:1 置桶 1/3 高,加碳铵 0.5 斤,苗期每棚 2~3 桶,结瓜期 6 个桶, 晴天早揭草帘后 1 小时投放。2 小时后棚温超过 32℃通风,阴雪(雨)天不投放。

5.植株调整

黄瓜长到 6~7 叶时需吊蔓, 方法是东西向吊三根铁丝,南高 1 米,北高 2 米,中高 1.5 米,然后每两行黄瓜调两根细铁丝搭在东西向铁丝之上,每株黄瓜拉一根吊绳,一端拴于细木桩上(插在黄瓜旁地下,防止打药等碰撞植株,便于放秧),一端拴于铁丝上,黄瓜植株呈 S 型向上缠,到铁丝时开始放蔓,注意一定不能下沉太低,可等于相应各处高度 1/2—1/3,使自然形成从南到北斜面,便于均衡受光。日光温室黄瓜靠主蔓结果,侧蔓上可保留 1 叶 1 瓜然后切掉, 集中养分用于主蔓。卷须消耗养分很多,俗话说:一条卷须半条黄瓜,因此,卷须一出全部掐掉,簇生花每叶腋处均有,为减少养分消耗,应及时摘除刚出生雄花。对老叶、黄叶可结合放蔓摘除,发生霜霉病等有病叶及时切除,带出棚外,防止病害传播。

6.雌花的激素处理

黄瓜雌花虽有单性结实的习性, 但单性结实瓜远不如激素处理后的产量高,更重要的是 10~11 月份及 2 月下旬后,棚温升高,昼夜温差小,不利雌花结瓜,化瓜现象十分严重,并且灰霉病发生后喷药效果欠佳,故应提倡激素点花,据笔者观察,用万分之三赤霉素溶液,再加千分之一速克灵,2.4–D25ppm,可起到坐瓜稳、灰霉病等病害少和增产作用。黄瓜雌花展开可坚持 48~72 小时,故可 2~3 天沾一次花,每 0.5 棚一个人可 2~3 小时全部沾完,许多棚证实,此方法技术简单、投资少、见效快,可广泛应用于温室。

7.采瓜

合理采瓜是调整营养生长与生殖生长的重要措施。采瓜过迟易形成瓜打顶,采瓜过早影响产量。因此,摘瓜也应讲究科学。据笔者定点定株观察:雌瓜开花后 1~5 天生长缓慢,瓜条平均每天增长 1.7cm,周长每天增长 1.18cm,每日增重 7.2 克,第 6~8 天生长速度加快,平均每天瓜条增长 3.7cm,周长增加 1.03cm,增重 37.7 克,日增重量相当于前五日生长总量 5 倍。为此,一般栽培条件下,根瓜基本上能上市时尽早采收,尽量摘除上部成形商品瓜。出现"花打顶"要狠采收;瓜秧生长弱要适时采收;低温阶段要多次采收。

(四)黄瓜的"桑拿"管理办法

有经验的农民在实践中创造了许多值得推广的管理经验,"桑拿"管理办法就是其中之一。

1."桑拿"管理的要点

按正常的管理方法,冬暖式日光节能温室要求的最高温度黄瓜应是白天不超过 35℃,而采用"桑拿"管理的则把棚室风口紧闭,使室温逐渐上升到 36~38℃,到 40℃时开始小放风,缓慢打开放风口,当温室下降到 28~30℃时又紧闭风口。连续 2~3 天采用这种办法。

2."桑拿"管理的条件

首先是瓜秧要健壮,无病虫害。其次是要在一批瓜采收后,喷打完农药后放水大浇,湿度较高时进行。再就是底肥要充足,或追施过相应速效肥和二氧化碳施肥达 1000 微升 / 升时进行。

3."桑拿"管理的效应

我们把高温高湿小放风的黄瓜管理办法形象地说黄瓜洗桑拿,其原理是当在湿度较高的条件下,用高温促植株细胞液浓度变稠,作物生理干旱造成蒸腾作用加强,从而加速从根系吸收水分和养料,整个光合作用得到加强,从而产生机体活力增强,制造的养分增多,果实生长速度加快的效应,达到增产的目的。采用此法得当黄瓜可增产 5000kg 以上。

四、植株形态诊断和营养诊断

根据黄瓜生育期间外部形态表现出来的异常症状确定其产生原因,采取对症防治措施是营养诊断的重要手段。

(一)形态诊断

1.花打顶

症状:生长点附近节间缩短,形成雌雄杂合的花簇。瓜秧顶端不生成心叶而花抱头,严重时龙头出现燕麦弯曲状,甚至生长点消失。

原因:温室结构差,保温性能不好,夜间温度过低,根系活动减弱,光合产物少,生殖生长超过营养生长;未经大温差育苗,缺水,干旱,养分不足或超量,定植后没有促根控秧;结果后连续低温雾罩,地温偏低,制造养分少,而花、茎、叶消耗养分多,生长点缺少养分,轻则燕麦弯曲或花打顶,重则花芽不能分化而秃顶。

措施:建筑保温性能好的日光温室,育壮苗,定植采瓜前蹲苗促根生长,花期昼夜温差 10~12℃,结瓜期科学浇水追肥,及时摘瓜。出现花打顶后摘除上部小瓜,叶面喷 0.3%硼砂、磷酸二氢钾、万分之三赤霉素等激素。

2.畸形卷须

症状:包括呈弧状、卷曲状、先端发黄状、一节着生多条卷须或只长卷须不长叶。

原因:卷须呈弧状表示缺水;卷曲状表示营养不良,植株开始老化;先端发黄是发病的先兆。卷须先端色浓,但整个卷须色淡变黄,预示霜霉病将要发生;多条须或只长卷须是室温低引起。

措施:依症状及时采取追肥、喷药、浇水等技术。

3.降落伞状

症状:开始在生长点附近新叶叶尖黄化,然后叶片叶缘黄化,黄化部分逐渐枯死,叶片中央部分凸起,而周围下卷呈降落伞。

原因:放风换气不足,蒸发作用受到抑制,生长点、叶缘出现缺钙症状。

措施:促进根系发育,及时通风换气,保证正常水分蒸发,浇水要合理,症状严重时叶面喷300倍氯化钙、磷酸二氢钾、1000倍钛中钙、1000倍瑞普速效钙、1000倍核苷酸、氨基酸钙等。

4.黄化叶

症状:植株中上部叶片急剧黄化。症状初期,早晨叶片背面呈水浸状,中午消失,数日后水浸状部位逐渐黄化,除叶脉外叶片全部黄化。

原因:室内气温低、地温低、光照不足,特别是长时间的连阴雾罩,低温寒冷,严寒季节多肥水会加重黄化叶发生。

措施:增强保温措施,提高室内气温、地温。

5.褐色小斑点

症状:沿叶脉出现褐色小斑点,或叶脉出现油浸状,全叶出现小斑点。症状轻时,叶片仍可生长发育;严重时,叶脉间出现黄褐色条斑,叶片枯死,果实多数发育不良,果形短,不整齐。

原因:夜间气温10℃以下,地温15℃以下,温室内湿度大,光照不足。

措施:增施农家肥,增光增温保温防止夜温、气温偏低,严寒季节少浇水。

6.瓜蔓徒长

症状：节间长，叶片大，叶色淡，侧枝长出的早，摘心后出现小蔓，雌花弱，子房小，果实和叶片大小不相称，化瓜严重，瓜条细而色淡，植株长势过旺而产量低。

原因：氮肥施量过多，水分足，温度偏高，特别是夜温高，昼夜温差小，光照不足。

措施：配方施肥，合理浇水；加强通风，降低夜间温度，增加昼夜温差，适当延长采摘期，轻量喷三唑铜杀菌剂，可起到治病抑长的作用。

7.急性萎蔫症

症状：植株生长健壮，晴天叶片出现急剧萎蔫，傍晚不能恢复原状，切断茎导管不见黄褐色。

原因：连续阴天多日不揭草帘，作物不能进行光合作用处于生理饥饿状态，地温低，根系活动弱。一旦天晴，温室室温突然升高，空气湿度降低，叶片水分蒸腾快，根系吸收量不能及时补充，叶片急剧萎蔫。

措施：阴雪天都要揭盖草帘，连续多日阴雪天后，草帘不可一次全部揭完，可隔一揭一，逐渐见光，同时可在植株叶面喷水，防止萎蔫受害。

8.镶金边

症状：黄瓜生长点萎缩，心叶退绿，未展开叶片向内卷曲，中上部叶片常出现镶金边 2~3cm，严重时叶缘呈黄白色，中下部叶片叶肉凸出，叶缘下卷，叶片呈降落伞状，刨开根部，可见根变锈色，根尖齐纯，地膜下土壤表层呈灰白色。

原因：施肥过多，土壤水分不足，土壤溶液浓度过大；土壤表层盐分聚积过多，对植株根系形成反渗透，盐害加低温，在严寒冬季容易出现此症状。

措施：在改良性盐碱土壤建造的温室必须注意盖膜前大水压碱。增施有机肥，尤其是磷肥，开始出现此症状时控制浇水，叶片喷微肥、激素，尽可能延长见光时间，提高棚温与地温。

9.褐缘边

症状：叶缘呈灼伤褐色症状，继而褐白变枯，以致叶片脱落植株枯死。

原因：喷药量、次数过多；浓度过大，药液聚积叶缘而造成药害。

措施：科学用药，浓度适当，药液以洒湿叶片为准，不可过多。

10.灼伤边

症状：受害部分初呈水浸状，逐渐呈白色，黄白色或淡褐色，叶缘呈“灼伤”状，以至全株枯死。

原因：速效性氮肥施得靠根近或施肥量过大，肥水淌在大垄背或积在浇道内，挥发后使植株叶片从下往上叶缘变枯，植株生长缓慢；温室施用了碳铵或过量的硝铵、尿素、钾肥等，或者是未腐熟的人粪尿，鸡、羊厩肥。即使暗施，也会在分解中产生大量氨气，当在空气中聚积浓度超过0.1%~0.8%时，无论植株大小均能受到伤害，如碳铵、鸡粪等挥发氨气浓度大，1~2小时可导致黄瓜植株死亡。

措施：有机肥必须加农药、硫酸亚铁充分腐熟。严禁使用碳铵。尿素、三元肥、钾肥要少量勤施，冬初春季，随水施入暗沟，切莫淌入明垄背，气温回升后，施后及时通风，放氨气出棚。

11.畸形瓜

症状：畸形瓜包括弯曲瓜、大肚瓜、尖嘴瓜、大头瓜、小头瓜、细腰瓜、溜肩瓜、苦味瓜、起霜瓜。

原因：弯曲瓜是茎叶过密，通风透光不良，日照不足，缺肥，干旱,营养不良,植株衰弱时产生的;大肚瓜是授粉不良,缺钾,浇水不匀,前后期缺水,而中期不缺水产生的;大头瓜是营养不良产生的;小头瓜是受粉期受到障害,干燥,长势弱;尖嘴瓜是高温,缺水,土壤盐分积累中毒,不受粉或受粉不良所致;溜肩瓜与低温、营养过剩、缺钙有关;苦味瓜是氮素过多,水分不足,低温、光照不良的情况下出现苦味素,主要是生理失调所致;起霜瓜是夜间温度高,地温高,日照不足形成的。

措施:科学栽培,提高叶片同化机能;冬季注意增光保温;根外喷打微量元素;温光水气综合管理,才能把畸形瓜降到最低程度。

12.水烫边

症状:清晨叶子边缘似水烫一样,叶面上出现多角或圆点水浸状,太阳出来后不久便恢复正常,常被疑为霜霉、角斑病,实为生理充水。

原因:由于地温高、气温低,温室密闭多湿,叶片蒸腾受到抑制,叶细胞水分流入细胞间隙所致。

措施:注意温室通风换气,掌握地温与气温的平衡。

13.青色瓜

症状:黄瓜细长,颜色淡青,似失绿症。

原因:地温低,根系吸水肥能力差,不能充分供应地上部生长需要;由于盐渍离子阻碍,氮素不能被根系吸收而供植株,生长不足;病害发生,营养失调。

措施:冬季增加温室保温性能,提高地温,促进根系正常生长。喷打醋酸,中和盐碱,及时防治病害。

14.花斑叶

症状:叶脉间叶肉出现深浅不一致的花斑,以后花斑浅色部逐渐变黄，叶表凹凸不平，突起部分呈黄褐色，随后叶变硬，叶缘四周下垂。

原因：生理性病害，主要是碳水化合物在叶中积累过多，引起生长不平衡，糖不能均匀地输送到生长点和瓜菜，致叶变硬。上半夜温度低，叶片白天制造养分输送慢，缺少钙、硼元素。

措施：提高棚内温度，合理施肥，补充钙、硼肥，适当打老叶，科学浇水。

15.叶烧病

症状：多发生在中上部叶片，一般以接近或接触棚膜的叶片易发病，发病初期病部的叶绿素明显减少，在叶面上出现小的斑块，形状不规则或呈多角形，扩大后呈白色至黄白色斑块，轻的仅叶缘烧焦，重的致半叶以上及至全叶烧伤，病部正常情况下没有病症，后期可能有交链孢菌等腐生菌腐生。

原因：系高温诱发的生理性病害。相对湿度低于80%，遇有40℃左右高温就会产生高温伤害，生产上，中午不放风，或放风量不够，相对湿度低或高温闷棚时间长均易产生叶烧病。

措施：加强棚室管理，棚温超过黄瓜正常生长温度立即通风降温。如棚温过高，可适当放帘降温；温度高、湿度低时可洒水降温；防霜霉病时高温闷棚应严格掌握时间。

16.黄瓜瓜佬

症状：在瓜秧上结出的黄瓜很小，形状像小香瓜样的瓜蛋，俗称瓜佬。

原因：是完全花结实造成的，黄瓜在花芽分化时有雌雄两种原基，决定其发育成雄花还是雌花，主要与环境条件有关，在冬、春温室环境条件下，有利于向雌花转化，但也有适于雄花发育的条件和因素，有时在偶然条件下，同一个花芽的雄蕊原基和雌蕊原基都得到发育，就开出了完全花。

措施:花芽分化时,白天保持25~30℃,夜间10~15℃,光照8小时,相对湿度70%~80%,且土壤水分充足,CO_2正常,以利雌蕊原基发育,抑制雄蕊原基形成。生产上产生瓜佬的完全花多生于早期,疏花时注意疏掉。

17.黄瓜褐脉叶

症状:又称褐色小斑病或锰过剩症。多发生在下部或中部叶脉上,初发病时叶的网脉变褐,沿脉产生黄色小斑点,逐渐扩展成条斑,后期条斑变为褐色枯斑,先在叶的茎部主脉变褐色,后支脉也变褐,把叶对着阳光检视,叶脉部变褐坏死或扩大成条斑,严重时叶脉、叶柄、茎茸毛基部变成黑褐色。

原因:生理病害,是锰过多引起的中毒现象,长日照,耐高温的品种在温室内后期易发病,耐低温短日照品种发病轻或不发病。

措施:选择短日照耐低温弱光或早熟品种,如津优1号、津春3号等,施用惠满丰复合液肥、黄瓜专用肥等,采用配方施肥技术,注意钙肥的运用,土壤缺钙易引起锰过剩而发病,注意提高地温,以利肥料的吸收和利用。

18.黄瓜裂果

症状:果实多呈纵向裂开,多数从瓜把子开始裂。

原因:在长期低温干燥条件下,突然浇水或降雨,植株急剧吸收水分或叶面施肥及喷洒农药,植株突然吸水时易发生裂果。

措施:防止裂果要从温度管理入手,防止高温和过分干燥条件出现,土壤水分要适当、均匀,防止土壤过干或过湿,蹲苗后浇水要适时适量,严禁大水漫灌。施用有机肥,深耕,培养发达黄瓜根系。

19.黄瓜泡泡病

症状:初在叶片上产生鼓泡,大小5毫米左右,多产生在叶片正面，少数发生在叶背面，致叶片凹凸不平，凹陷处成白毯状，叶正面产生的泡顶部位，初呈褐绿色，后变黄色至灰黄色。

原因：系生理病害，定植早的生长前期气温低，黄瓜始终处于缓慢生长状态，遇有阴雨天气持续时间长，光照严重不足，当后来天气突然转晴，温度迅速升高浇大水时易发此病。

措施：选用优良品种，早春注意提高棚室气温、地温，地温保持在15℃以上，严防低温冷害。棚膜注意清除尘土，增加透光性，必要时可人工补光和施用CO_2，喷惠满丰多元复合液体活性肥料，每亩320毫升，稀释500倍，5~7天喷一次，共2~3次，低温阶段严禁大水漫灌。

(二)营养诊断

1.缺钙

作用：钙在植物体内的代谢过程中，对蛋白质的合成和碳水化合物的输送，以及对植物体内有机酸的中和都起着重要作用。

症状：上位叶稍小，皱缩不平，向上卷曲，叶脉间黄化，叶缘枯死，在叶脉出现症状的同时，根部枯死。

识别：生长点附近如果叶脉不黄化，成花叶状则可能是病毒病；同样的症状，生长点附近萎缩，可能是缺硼，果实会出现细腰，叶片扭曲。

原因：氮多、钾多、土壤干燥、溶液浓度大、阻碍了对钙的吸收，空气湿度小，蒸发快，补水不足时易产生缺钙。

措施：避免一次用大量钾肥和氮肥；适时浇水，保证水分充足；应急措施是叶面喷0.3%氯化钙水溶液或1000倍钛中钙、1000倍瑞普速效钙、氨基酸钙，3天一次，连喷3~4次。

2.缺铁

症状：植株新叶除叶脉全部黄白化，叶脉间逐渐失绿，铁在植物体内移动性小，所以在生长点附近的叶脉先黄化，逐渐全叶黄化,但叶脉间不出现坏死症状。

识别:如果新叶黄化,叶缘正常,不停止生长则为缺铁症;如果新叶出现斑点黄化不是缺铁，全叶黄化则为缺铁；在碱性土壤，干燥或多湿条件下如果根的机能下降，则吸收铁的能力下降,就会出现缺铁症状。

原因:碱性土壤易缺铁;磷肥、铜、锰在土壤中过量,阻碍了对铁的吸收;土壤过干,过湿,温度过低,影响根的活力,易发生缺铁症状。

措施:温室中防止过干,过湿,温度过低。施用硫酸亚铁处理后的有机肥,用 0.1%~0.5%硫酸亚铁水溶液喷洒叶面。

3.缺锌

症状:中位叶开始褪色,与健康叶比较,叶脉清晰可见;随着叶脉间逐渐褪色,叶缘从黄化变成褐色,最后枯死,叶片向外侧稍微卷曲;生长点附近的节间缩短,新叶不黄化。

识别:缺锌全叶黄化,逐渐向叶缘发展。缺锌症状严重时,生长点附近节间短,植株叶片硬化。锌在植物体内易移动,因而缺锌出现在中下位叶上,上位叶一般不发生黄化。

原因：光照过强易发生缺锌，若吸磷过多植物即使吸收了锌,也表现缺锌症;pH 值过高,即使土壤有足够的锌肥但其不溶解,不能被植物吸收而表现缺锌症状。

措施:磷肥不要施用过量,亩施 1.3 公斤硫酸锌,缺锌时用 0.1%~0.2%硫酸锌喷洒叶面。

4.缺硼

作用:硼可以增强光合作用,促进碳水化合物合成、运输和糖的代谢,能调节植物体内有机酸的形成和运转,使有机酸不能在根中积累。

症状:根系不发达,生长点附近节间显著缩短,甚至生长点死亡,中下位叶片轻度失绿,或出现水浸状;花发育不良;正在膨大的果实畸形,带有纵向的白色条纹,长成的果实有污点,果实表皮出现木质化。

识别:缺硼症状多发生在上位叶,植株生长点附近的叶片萎缩,枯死,与缺钙相似,但缺钙叶脉间黄化,而缺硼叶脉间不黄化。

原因:土壤干燥;钾肥施用过多,影响对硼的吸收,易发生缺硼症;土壤有机肥少,pH 值高易发生缺硼。

措施:适时浇水,防止土壤干燥,多施有机肥,提高土壤肥力。用 0.12%~0.25%硼砂或硼酸及万分之三赤霉素水溶液喷洒叶面。

五、病虫害防治方法

目前,在日光温室常发生的病虫害有:霜霉病、白粉病、黑星病、灰霉病、角斑病、病毒病、根腐病、煤污病、白粉虱、蚜虫等。

(一)霜霉病

霜霉病是常发性、危害最大的一种病害,一旦发生,如不及时防治,迅速蔓延,重者造成绝收,轻者滞缓苗 20~30 天。

防治:(1)选用抗病品种津春 3、4 号,圭佳,锦优 1 号,天津 96—3、益佳 128 等。

(2)膜下暗灌,及时放风,降低棚内湿度,早晨先放风 0.5 小时,排除湿气,然后闭膜,超 35℃再放风,如夜温高于 12℃以上,可整夜放风,阴雨天坚持放风。

(3)叶面喷糖等。白糖、牛奶、米醋比例为 1∶1.5∶2,五天一次,连喷 4~5 次,同时可加入天丰素,叶面宝等激素。

(4)药剂防治。开始发生后,先清除干净病叶,后用 40%百菌清,每亩 200~250 克,傍晚熏蒸,7 天一次,连熏 6~8 次,兼杀其他病菌;5%防霉灵粉剂、5%百菌清粉剂亩用药 0.75~1 公斤喷粉,每 7~8 天一次,早晨或傍晚喷,连喷 5~6 次。

喷药,目前效果较好的有 64%杀毒矾 600 倍、58%瑞毒锰锌 500 倍、72%杜邦克露 600~800 倍、72.2%普力克 1000 倍、80%黄瓜霜绝 600~800 倍、双福 800~1000 倍、克霜丰 500 倍、雷多米尔 1000 倍、安克锰锌 1000 倍、50%稀酰吗啉 800 倍、福美双 800 倍、菜菌清 600 倍、霜疫吗啉 600 倍、霜疫杀星 500 倍等,交替用药,5~7 天一次,视病情连喷多次。

(二)白粉病

保护地、露地均发生,主要危害叶片,其次叶柄和茎,果实一般不受害。

防治:"农抗 120"200 倍发病初期喷;百菌清烟剂熏蒸;40%多硫悬浮剂 800 倍、25%粉锈宁 3000 倍(只能喷 1~2 次,次数过多易受药害),30%敌菌酮 400 倍、30%DT 胶悬浮 500 倍、更胜 600 倍、粉必清 800 倍、极品纯兰 1200 倍、白粉病特效杀菌剂(苯醚甲环唑)600 倍等,交替用药,视病情 5~7 天喷一次。

(三)灰霉病

防治:清洁田园,杀菌剂处理土壤,将病花、病果带出棚外深埋;冬季少浇水,控制湿度,提高棚温。速克灵烟剂熏蒸,6~7 天一次;50%速克灵 1500 倍、50%扑海因 1500 倍、50%灰霉宁 500~800 倍、70%嘧霉胺 600 倍、乐可霉 800 倍、灰克 600 倍、甲霉灵 1000 倍、25%克霉灵 600 倍、灰霉绝 600~800 倍、50%农利灵 500 倍, 6~7 天一次,连喷 3~4 次。用 50%速克灵 1000 倍加 25ppm2,4—D、万分之三赤霉素溶液点花保瓜,治病,促长效果更佳。

(四)细菌性角斑病

主要危害叶片,也能危害茎蔓和果,严重时病斑相连,叶片干枯，植株死亡，产量严重下降。

防治：高垄栽培，降低空气湿度，及时清除病叶，发病时，农用链霉素、人用链霉素 200 毫升 / 公斤、新植霉素 150~200 毫克 / 公斤、72%可杀得 500 倍、益农达 2 号 1000 倍、细菌快 800 倍、细菌阿奇 900 倍、中生菌素 600 倍、50%丰护安 500 倍、34%绿乳酮 500 倍。

（五）黑星病

又称疮痂病，主要危害瓜条，也能危害叶片和茎蔓、龙头等部位。

防治：克星丹 500 倍、50%多菌灵 500 倍、50%甲霜灵 800 倍、20%黑星丹 800 倍、40%福星乳油 800 倍。

（六）蔓枯病

蔓枯病可危害叶片、瓜蔓、茎、卷须。

防治：轮作倒茬，清洁田园，增施有机肥，种子消毒；科学管理，促进植株健壮生长，降低发病率；发病后喷 70%百菌清 600 倍、70%代森锰锌 500 倍、50%托布津、多菌灵 500 倍，64%杀毒矾 600 倍连喷 2~3 次。

（七）疫病

防治：轮作倒茬，垄作覆膜，种子消毒，发病后喷 72%杜邦克露 600~800 倍、72%安克 1000 倍、霜疫露 1000 倍、疫快净 800 倍、霜疫杀星 500 倍、杀毒霜净 600 倍、80%代森锰锌 600 倍、多福·克菌灵 800 倍、40%双福 800 倍。

（八）菌核病

防治：种子消毒。清洁园田，深翻埋菌，及时放风，控制湿度，发现病株及时拔除。发生后喷 40%菌核净 1000 倍、50%速克灵 1500 倍、50%扑海因 1000 倍、50%多菌灵 500 倍，7~10 天一次，连喷3~4次。

(九)枯萎病

又称蔓割病、萎蔫病、死秧病,幼苗成株期均可发病,以结瓜期发病最重。

防治:轮作倒茬,及时切除嫁接口处滋生根系,避免大水漫灌,用根菌净800倍、地菌净800倍、枯萎灵600倍、根腐病克600倍、多枯灵800倍液灌根,每株0.3~0.5公斤,10天后再灌第二次。

(十)炭疽病

在保护地发生普遍,常造成叶片提早干枯,损失很大,全期都能发生,尤以中后期发病较重。

防治:轮作倒茬,增施磷钾肥,增强植株抗性,及时通风排湿。发病时喷"农抗120"200倍、80%炭疽福美、70%托布津500倍、75%百菌清500倍、70%代森锰锌400倍,7~10天喷一次,连喷3~4次。

(十一)煤污病

防治:通风排湿,及时防治蚜虫、白粉虱,发生后,及时喷40%灭菌丹400倍、40%大富丹500倍、50%苯菌灵1500倍、50%多霉灵1500倍、65%甲霉灵1500倍,10天一次,视病情定喷打次数。

(十二)根腐病

防治:土壤高温消毒,扣棚后40℃24小时,42℃6小时,48℃以上10分钟即可奏效。实施配方施肥。发病初,50%苯菌灵1500倍或根菌净800倍、枯萎灵600倍、死苗三绝800倍、多枯灵800倍、美邦治萎600倍,每株250毫升灌根。

(十三)圆斑病

防治:14%络氨铜300倍、50%甲霜铜600倍、77%可杀得

500倍、50%琥胶肥酸铜500倍(兼治白粉病、霜霉病)、72%链霉素4000倍,连喷3~4次。

(十四)病毒病

黄瓜病毒病分花叶和蕨叶病毒病。

防治:选择抗病品种,发病初期喷5%菌毒清300倍、0.5%抗毒剂1号250倍、病毒A500倍、病毒王600倍、病毒必克500倍、20%盐酸吗啉胍600倍、小叶灵600倍、40%克毒宝600倍、辛菌·吗啉胍800倍、毒克星1000倍、叶展1500倍、攻毒800倍,并及时防治蚜虫、白粉虱。

(十五)美洲斑潜蝇

防治:喷1.8%爱福丁3000倍、50%蝇螨净2000倍、阿巴丁2000倍、虫螨克3000倍、2.5天王星杀虫螨2500倍、哒螨灵1500倍、20%螨克2000倍、阿维菌素1500倍、阿维哒螨灵3000倍、快螨特2000倍、扫螨净1500倍。

(十六)瓜蚜

防治:10%蚜虫一遍净6000倍、10%吡虫啉每亩15克、70%啶虫咪每亩2克、20%啶虫咪1500倍、25%吡虫啉800倍、蚍虫·毒死蜱1500倍、氰戊·苦参碱600倍、俊彪1000倍、克盛800倍、啶虫咪·氯氰1000倍。

(十七)白粉虱

它的食性很杂,是保护地主要害虫,危害时集中在寄主背面吸食植物汁液,造成叶片褪色,变黄,萎蔫,严重时整株枯死,危害时分泌蜜露,污染叶片,引起煤污菌污染,影响植株光合作用。

防治:白粉虱有飞翔习性,防治时:熏杀虣每亩250克,夜晚熏棚;天王星2500倍、快杀灵1000倍、25%扑虱灵2500倍、25%功夫3000倍;敌敌畏熏蒸每亩250克,要远离黄瓜植株,对芹菜、油白菜等有影响。

第二节 西红柿

西红柿是设施内种植的一大主要作物，市场需求量大，经济效益高，一般亩棚产量达 2.5 万斤以上，亩棚收入 2 万元以上。种植技术易于掌握，适宜初次从事温室大棚生产的菜农种植，其主要技术如下：

一、选好对路品种，做好种子处理，搞好土壤消毒

设施内种植西红柿，要对应茬口安排选择适宜的品种。温室一般选用抗病、丰产、耐运输的品种。大棚一般选用早熟、抗病、丰产、有限生长类型品种进行抢早、延后栽培，也可选用无限生长类型品种，进行一茬到底栽培。常用品种有红之星、奥冠五号、红将 2008、红帅、红盛、公牛 3 号、劳斯特、纳普拉斯公牛 7 号、好莱坞、星红旗、普罗旺斯等优良品种。

土壤消毒、种子处理是播种前的基础工作，这项工作做好了，既可消灭棚内土壤病菌，又可消灭种子带来的病菌，防止或减轻病害的发生，减少用药和药害，是省工省力的好办法，同时又是生产无公害蔬菜的基本措施之一，其具体做法是：

药剂浸种：将备足的种子用两开兑一凉温水（55℃）浸种 10 分钟，边浸边搅动，然后用 30℃温水浸种 3~4 小时，再用高锰酸钾 1000 倍液浸泡 10~15 分钟，随即将种子放入清水中冲洗干净，取出后用湿纱布包裹好放入盆缸内，置于 25~30℃处进行催芽，待种子有半数以上露白时即可播种。

土壤消毒有高温消毒和药物消毒等多种方法。一是把大棚建好后即可施入有机肥料，在 2 月底 3 月初，上好塑料薄膜，将整个大棚密闭，高温闷棚 7~8 天。二是将 1.5~2 公斤多菌灵粉与

50 公斤湿润细土拌匀，在匀撒基肥的同时，匀撒药土，同时用辛硫磷兑水喷雾，然后进行深翻，既灭菌又灭地下害虫。辛硫磷易光解，可边喷边翻，不可一次喷完受阳光暴晒，以每亩用药 1 斤左右为宜。

苗床土壤消毒尤为重要，在配置营养土时要投入药物拌匀，可排除病菌早期危害，以利于培育无病壮苗。一般按每平方米苗床用多菌灵 8 克计算，用细土 5~15 公斤配匀，1/3 撒于畦面，2/3 种子下种后覆于种子上，达到下铺上盖药土的目的。

二、采用综合措施，培育无病壮苗

培育好无病壮苗是西红柿夺取优质高产的重要措施，反之如果苗子细弱，高嫩叶薄，则后期很难管理，不易获得高产。壮苗标准是：高低适中(20cm 左右)，节间较短，茎秆粗壮且上下一致，具 6~7 片叶、叶片掌状，小叶片大，叶柄粗短，叶色浓绿，普遍现大蕾但未开花，子叶不过早脱落或变黄，幼苗大小整齐一致，培育壮苗需重点注意以下问题。

(一)筛好营养土，做好育苗床并适期播种

将起垄育苗技术应用至西红柿上，取得良好的效果，这样做的优点是有利于提高地温和增加土壤透气性，减少土壤水分，有利于管理，很受群众欢迎。方法是：将发酵好的猪圈肥晒干碾细过筛，然后用已过筛的无菌熟土按 3:1 的土肥比拌好(80 米长的棚用营养土 $5m^3$)。每立方米土肥中加入过磷酸钙 1 公斤，草木灰 5~10 公斤，并渗入 50%托布津或 50%多菌灵 80 克拌匀。从大棚的第二间开始，每间整成两个长 5 米、宽 1.5 米、高出地面 8cm 的育苗床，在床苗顶端泼浇无菌净水 50 公斤，待水渗后将催芽露白的种子匀撒苗床顶面，盖湿润细复土 0.8cm，盖好地膜加扣小拱棚，待种子顶土后去掉地膜。

(二)掌握好适宜的温湿度,防止幼苗徒长

幼苗徒长主要是弱光、高温、水分过大等因素造成。起垄育苗后,水分得到了一定的控制,但高温和弱光却不可避免,这就需要经常观察,调节好适宜的温度和尽可能地增加光照。

出苗时的温度应在 25~30℃，幼苗 70%出土后去掉地膜放风,床温可维持在 20~25℃,幼苗子叶伸展后,床温 15~20℃,1~2 片真叶后,白天 25~30℃,夜间 15~20℃,维持 15~20 天,并在 1 片真叶后间苗株距 3~4cm。

(三)适时分苗

分苗一般在 2~3 片真叶时进行。分苗前要预先配好营养土,将苗子分到营养钵内,依次摆放在宽 1~1.2 米的育苗畦内。分苗时营养钵内一定要浇足分苗水,同时加扣小拱棚,采取适当遮阳措施,经 1~2 天后进入正常管理时期。营养钵内秧苗的生长,一定要注意水分的管理,做到随时补水。

三、积极备足肥料,科学配方施肥,为西红柿高产打下一个好基础

西红柿对氮、钾元素的需求量较多，同时也需要适量磷元素。肥料施得足,坐果率高,果实长的大,空洞果减少,可实现高产优质。据试验,亩产 5000 公斤西红柿需从土壤中吸收 10~17 公斤氮素,5 公斤左右磷酸,26~33 公斤氧化钾。西红柿植株体内的氮、磷、钾成分比例为 2.5:1:5,而植株对氮和钾的吸收率为 40%~50%,对磷的吸收率为 20%左右。氮肥能促进茎叶和果实的生长发育,尤其在植株生长的前期,氮肥的作用更为重要。磷肥对果实和种子发育及培育壮苗起着重要作用，钾肥能促进植株对氮素的吸收和促进碳水化合物向果实输送，能增强植株的抗病能力,延迟植株的衰老,延长结果期,对改进果实的品质也

有良好的作用。因此，要获得西红柿的高产优质，必须施足底肥，以有机肥为主，配合施用氮、磷、钾肥，除每亩施入优质圈肥1万公斤外，还要结合深翻或起垄增施硫酸钾30~40公斤，磷酸二铵20~30公斤，同时每亩可施250~1000公斤饼肥，要求饼肥在充分腐熟发酵后，结合施底肥或移栽时窝里放炮。

四、适时定植，促使壮苗早发

在苗高20cm左右，6~7片真叶或苗龄50天后选择晴天及时定植，为使壮苗早发，定植前后一般注意以下几点。

（一）起垄定植

采取大小行、小高垄方式，即大行70cm，小行50cm，垄高10~15cm，每垄定植两行，定植时按品种和植株高度确定密度，一般无限生长品种株距45~50cm，每亩定植2000株左右。有限生长品种株距40cm，每亩定植2500株左右。定植后盖地膜，并适时浇小水，每穴0.25~0.5公斤。也可以边定植边起两个小垄，定植后盖地膜，在两个小垄之间地膜下浇小水。

（二）有机肥要做到充分腐熟

施用饼肥，可将豆饼砸成小块，放于缸内浸泡几天，待在缸中起泡沫发酵后，窝里放炮，每穴0.2~0.25公斤，与穴中土壤充分混合，以免烧根。移栽前一天，要注意将苗床提前浇足水，做到不散坨、不伤根，苗子分级，进行定植。

（三）定植时切忌大水漫灌

定植后3~5天内，密闭大棚，要注意将地温控制在20℃以上，气温保持在30~35℃，以利于缓苗生长。

五、加强中后期的技术管理

促使果实早、大、优。西红柿上市期的迟早、果实大小、产品质量好坏，直接关系到经济效益。为此要做到早熟、丰产又丰收，栽培应注意以下几点：

(一)注意定植后的蹲苗

定植后至第一花序着果期为蹲苗期，促使根系下扎，促下控上为丰产打好基础。蹲苗期一般不浇水，如出现特殊旱象，秧苗有中午打蔫现象时，需用磷酸二铵或复合肥适量用水化开，每株瓢浇0.5~0.75公斤。

(二)起垄定植的地块

要对大行适时松土，防止板结。对于平畦栽植的要进行多次中耕松土，深度10~15cm，可提高地温，增加土壤通透性。一定要注意深中耕的同时不要伤到根系。

(三)及时浇好第一水

有限生长类型的品种当第一穗果直径2~3厘米大，二穗果蚕豆大，三穗果花蕾刚开花时结束蹲苗，开始浇水，以后每10~15天一次，结合浇水追施尿素，每次每亩15~20斤；追施硫酸钾，每次每亩10斤。

(四)防止落果和畸形果

引起落花落果的因素很多。主要原因有：温度过高或过低，光照不足，水分缺乏及伤根造成的营养不良等。为此在开花坐果期，要改善光照条件，调节土壤水分，根外喷施叶面肥，创造适宜的生长环境。同时合理使用植物生长调节剂，防止落花落果，提高坐果率。常用的方法有两种，一是用2,4D点花，浓度为10~20ppm。以当天开放的花最好，从上午9时到下午3时以前，用毛笔点花柄即可。注意在药液中一定要加入色素，作为参照标记，避免重复点花造成畸形果的形成。二是用25%防落素1毫升，兑水1斤进行喷花。避免喷到生长点及叶片上。植物生长调节剂的应用，一般掌握温度高时浓度低些，温度低时浓度适当增高的原则，具体以处理的西红柿幼果为准，在药液处理后3~5

天内,及时观察,根据幼果形状正常与否的情况,调整使用浓度。

(五)盛果期的综合管理措施

1.适宜的温度

控制在昼温20~30℃(以23~27℃最适宜),夜温12~18℃(以14~18℃最适宜)。

2.湿度管理

浇水时掌握五不浇五浇,即:阴天不浇水,好天浇水;下午不浇水,上午浇水;不浇冷水,浇温水;不浇明水,膜下浇暗水;不浇大水,要轻浇。并注意浇水后放风排湿。

3.光照管理

在结果期阶段,要加强光照管理,尽可能延长光照时间。张挂镀铝反光膜,增加反射光照。阴雨天气,也要注意适时揭覆盖物,争取散光照和刹那间晴光照。

4.喷施磷酸二氢钾300倍液,7~10天一次,喷7~8次。

5.清除病残叶,及时采收待熟果实。

6.多种药物交替应用,认真防治病虫害。

六、西红柿病害防治技术

西红柿病害主要有病毒病、早疫病、晚疫病、灰霉病、叶霉病、脐腐病、青枯病、溃疡病等。

(一)西红柿病毒病

1.症状

西红柿病毒病主要有三种类型:一是花叶型,西红柿顶部叶片出现黄绿相间的花叶,新叶小,不展;二是厥叶型或卷叶型,植株顶部新叶呈线状,或皱缩卷曲,病株矮小;三是条斑型,在茎秆上形成暗绿色至黑褐色条纹,凹陷,病果畸形,果面上出现青皮花斑或铁锈坏死斑,不着红色,剖开果实沿果皮和肉间有褐色条纹。

2.发病条件

花叶型病毒是由烟草花叶病毒侵染引起的，可侵染多种植物;厥叶型病毒是由黄瓜花叶病毒侵染引起的,它的寄生范围也很广;条斑型病毒是由烟草花叶病毒的另一个株系侵染所致,在西红柿、辣椒上表面系统条斑症状。

病毒病由种子、病株、病果、蚜虫传病,主要是接触传播。高温、干旱发病重,土壤缺钙、缺钾、缺锌花叶病重。

3.防治方法

(1)农业措施:选用抗病品种,注意清洁田园,及时将病株、病果清除埋掉;增施磷、钾、锌肥,叶面喷施微肥,增强抗病力;适时浇水,在盛果期做到见湿不见干,防止因缺水干旱加重病情;适期播种,保持白天棚温 25~30℃,夜间 15℃左右,昼夜温差加大,可减轻发病。

(2)种子消毒处理:先将种子放入清水浸泡 3~4 小时,再放入 10%磷酸三钠溶液中浸种 30~40 分钟，然后用清水冲洗干净,再催芽、播种。

(3)全棚消毒和治蚜防病:前茬收后,及时清洁田园,距播种西红柿期间隔半月以上,使病残体全部腐烂。这时可用 50%消菌灵 1000 倍液或 848 消毒液 300 倍液,加治蚜药剂,全棚喷洒,杀死棚内残存的病菌和蚜虫。

(4)药剂防治:目前防治病毒尚无特效药物,应预防为主,根据现有的药物配合施用，尽量抑制病毒病发生。防治花叶病毒病,可用 5%菌毒清 300 倍液,1.5%植病灵 500 倍液,83—1 增抗剂 200 倍液,硫酸锌 800 倍液,绿芬威 1 号 600 倍液等。防治厥叶和条斑病毒病，可用 5%菌毒清 300 倍液,20%病毒 A500 倍液,抗毒剂 1 号 400 倍液,20%抗生素 300 倍液,3.85%病素必克 400 倍液,40%植物病毒灵 1000 倍液,50%消菌灵 1000 倍液,

20%菜菌清400倍液。此外,结合叶面喷施牛奶、葡萄糖,含磷、钾、锌的叶面肥,增加抗病,既能防病又丰产。

(二)西红柿早疫病

1.症状

西红柿早疫病又称轮纹病。可侵染叶、茎、果。在叶片呈近圆形黑褐色病斑,有同心轮纹。在茎秆上形成圆形或椭圆形深褐色病斑,稍凹陷,有同心轮纹,危害果实,多在果柄处或脐部为圆形黑褐色病斑,凹陷,有同心轮纹。

2.发病条件

高温、高湿有利于发病。发病最适温25~30℃。先是由叶片自下而上发病,逐渐向茎、果发展。重茬病、种植过密、基肥不足发病重。

3.防治方法

①加强管理。注意轮作换茬,合理密植,增施基肥及时通风散湿、摘除下部老叶、病叶和病果,减轻病害。②药剂防治。75%百菌清600倍液,50%多菌灵500倍液,50%托布津500倍液,50%扑海因1000倍液,80%代森锰锌500倍液,80%喷克500倍液,78%科博500倍液,58%瑞毒锰锌800倍液,64%杀毒矾600倍液,72%克露600倍液,68.75%易保1000倍液,52.5%抑快净2000倍液,70%百德富600倍液,每5~7天喷一次,连喷2~3次。也可用40%百菌清烟剂,每亩250克。

(三)西红柿晚疫病

1.症状

西红柿晚疫病主要危害叶、茎、果。从幼苗开始发病,由叶片向茎部发展,呈黑褐色,腐烂,植株折倒枯死,潮湿时会产生白色霉层。成株期叶片多从叶尖、叶缘出现水浸状渐变暗绿色病斑,病斑背面长出白色霉层；茎秆上呈水浸状病斑，渐变暗褐色；青果期易被害，近果肩处形成油渍状，暗绿色渐变棕褐色，病斑较硬不变软。

2.发病条件

低温、高湿有利于发病，发病适温 18~22℃，遇到阴雨雪天气，湿度大，温度低，发病最快。重茬地，通风不良，过于密植发病重。

3.防治方法

①加强管理。合理密植，及时整枝打杈，摘除老叶、病叶、病果、注意通风排湿。

②苗床药剂处理。育苗时可用 50%乙磷铝锰锌加 30%DT，按每平方米用药各 10 克，加适量细干土拌匀，撒于畦面，划锄入土，耧平播种。

③药剂防治。发病初期开始用药，70%代森锰锌 500 倍液，80%乙磷铝 500 倍液，80%喷克 500 倍液，25%瑞毒霉 800 倍液，58%瑞毒锰锌 500 倍液，64%杀毒矾 500 倍液，72%克露 600 倍液，50%丰护安 500 倍液，20%绿乳铜 500 倍液，27%铜高尚 400 倍液，78%科博 500 倍液。每 5~7 天喷 1 次，连喷 2~3 次，以上药剂兼治早疫病、斑枯病等。

（四）西红柿灰霉病

1.症状

此病从开花期开始染病，青果期发病严重，先侵害花瓣、花托和柱头，后向幼果侵染。被害处呈水浸状软腐，表面产生灰色霉状物，病花和病菌散落到叶片、茎秆上，造成烂叶、烂茎，也产生灰色霉状物。

2.发病条件

低温、高湿是发病的主要条件；病菌在病残体或留在土壤中越冬，病菌孢子随气流、流水传播。遇到阴雨天气、低温、高湿发病重。

3.防治方法

①清洁田园。及时摘除老叶、病叶、病花、病果，彻底清除病残体。

②生态防治。调节好棚内温度、湿度，注意保温、散湿，控制病害发展。

③药剂防治。发病初期开始用药，50%速克灵1500倍液，50%扑海因1000倍液，50%多菌灵500倍液，50%农利灵500倍液，65%甲霉灵1000倍液，50%多霉灵1000倍液，40%特立克800倍液，40%百可得1500倍液，40%施佳乐1000倍液，每5~7天喷1次，连喷2~3次。在阴雨天可用速克灵烟剂或速克灵粉尘剂。此外，结合西红柿沾花，在2.4—D溶液中加入0.2%速克灵或多霉灵，既防止落花又兼治病害。

（五）西红柿叶霉病

1.症状

此病主要危害叶片。叶片受害后，叶面出现近圆形的淡黄色褪绿斑，叶背面病斑上长出灰紫色绒状霉层。发病严重时全株叶面卷曲，呈现内褐色而干枯。

2.发病条件

病菌在种子、病残体上越冬，随气流和浇水传播。病菌发病适温20~25℃，在高湿条件下，发病重，遇到阴雨天气，通风不良，棚内湿度大，发病迅速。

3.防治方法

①加强通风散湿，及时摘除下部老叶、病叶，以利通风透光。

②药剂防治。可用75%百菌清600倍液，70%代森锰锌500倍液，50%多霉灵1000倍液，50%多菌灵500倍液，50%甲基托

布津500倍液,60%防霉宝500倍液,10%宝丽安600倍液,每5~7天喷一次,连续2~3次,阴雨天可用百菌清烟剂,每亩350克,或百菌清粉尘剂,每亩1公斤。

(六)西红柿青枯病

1.症状

主要发生在成株期，先是顶部叶片萎蔫，随后下部叶片萎蔫,致使全株凋萎,青枯而死。

病株茎基部表皮粗糙不平有小突起,并长出不定根,剖开茎内木质部变褐色,严重时茎内导管变褐腐烂,有臭味,植株倒伏。

2.发病条件

此为细菌性病害,随病残体在土壤中越冬,病菌从根部或茎基部伤口侵入,随流水传播。高温、高湿发病重,土壤温度与发病有关,当土温20℃左右时开始发病,土温上升到25℃时发病最重。

3.防治方法

发现病株后，可用50%DT500倍液,78%秋博500倍液,50%丰护安500倍液,20%绿乳铜500倍液,27%铜高尚400倍液,77%可杀得500倍液灌根,每株灌药液0.5公斤,每10天左右灌一次,连灌两次。

(七)西红柿脐腐病

1.症状

发病初期在幼果脐部出现水渍状暗绿色病斑,并向内凹陷,表皮不破裂,不腐烂,渐变黑褐色。

2.发病条件

此为生理性病害,主要是缺水、缺钙造成的。在结果期水分供应不足,果实缺水,果肉组织坏死,形成脐腐;或者土壤过于黏重,碱性过大,根系不发达,影响水分吸收,造成脐腐;再是土壤缺钙,致使脐部细胞生理紊乱,失去控制水分的能力而发病。

3.防治方法

①适时浇水。青果期容易发生脐腐病,在幼果期坐果后一个月内,适时浇水,保证水分供应,做到见湿不见干。

②根外追肥。坐果是吸收钙的关键时期,这时可用绿芬威3号(含钙20%)600倍液,番茄王500倍液,顶腐康500部液,氨基酸钙宝600倍液,或1%过磷酸钙浸出液,或0.3%氯化钙液,每隔10~15天喷1次,连续2次。

(八)西红柿溃疡病

1.症状

苗期和成株期均可以发病(溃疡病一般苗期不发病),最初下部叶片凋萎下垂,叶片卷缩,似缺水状。后期病株茎秆上出现狭长的条斑,上下扩展,病部茎秆变粗,生出气生根,茎里空,髓部变褐,后期溃疡斑开裂。幼果发病后皱缩、畸形,青果表面病斑圆形,外圈白色,中心褐色,似鸟眼状,此为溃疡病的特有症状。

2.发病条件

此为细菌性病害,病菌居种子或病残体上越冬,由伤口侵入。病菌在1~33℃条件下都可以发育,适宜温度25~29℃,致死温度53℃,高温高湿有利发病。露地栽培遇暴雨天气发病严重。

3.防治方法

①加强种了检疫。此病可通过种子带菌传播,今后应注意不要到疫区调种,并严格检疫。

②种子处理。用55℃温水浸种15分钟杀死种子上的病菌。

③清洁田园。及时拔除病株,埋掉或烧毁。

④药剂防治:育苗时苗床可用DT或丰护安,按每平方米用药10克,加适量土拌匀,撒于畦面,划锄入土,再播种育苗,发现

病株可用50%DT500倍液,50%丰护安500倍液,34%绿乳铜500倍液,27%铜高尚400倍液,78%科博500倍液，地上喷雾，地下灌根。

第三节　西葫芦

西葫芦又叫美洲南瓜和搅瓜,在我国有悠久的栽培历史,是我国居民主要的食菜之一，主要采收嫩瓜供食，在全年均可上市。

一、类型与品种

近年来,由于设施农业的大规模发展,日光温室大棚小拱棚菜都可进行早熟,秋延后,越冬栽培,品质效益逐年提高。

(一)类型

1.矮生类型

节间短，蔓长仅0.3~0.5米，第一雌花着生于第三至第八节,以后每节或隔1~2节出现雌花,早熟,是春早熟栽培常用类型。

2.半蔓性类型

节间较长,蔓长约0.5~1.0米,主蔓8~10节前后,开始着生第一雌花,属中熟种,栽培较少。

3.蔓性类型

节间更长,主蔓10节以后开始结瓜,蔓长1~4米,晚熟,耐寒性较差,抗热性较强,北方农村有栽培。

(二)品种

绿丹:属早熟杂交种,播种后35天就可采收250克以上嫩瓜,瓜码密,每节都有瓜,多果同时授粉都可生长,水肥要求较高，瓜条顺直，嫩瓜花浅绿。本品种植株矮，叶柄短，不拉蔓宜密植，抗病毒病，商品性好，抗热性优于同类产品，亩产 6500 公斤以上。

丹玉：杂交品种，早熟，播种后 35 天即可采摘，嫩瓜达 250 克以上，瓜码密，每节有瓜，瓜条顺直，瓜色浅绿鲜亮玲珑，水肥要求高，商品性好，抗热性优于同类产品，适宜春季小拱棚，温室大棚及露地栽培，亩产 6500 公斤以上。

极品早丰：属杂一代，早熟，播种后 35 天以上可摘嫩瓜。雌花多，瓜码密，节节有瓜，四节开始结瓜，一株同时可结三至四瓜。瓜长筒型，嫩瓜花皮浅绿，本品种植株矮，叶柄短，不拉蔓宜密植，抗病毒病。亩产 6000 公斤以上。适宜冬季温室和春季小拱棚栽培，种植时施足底肥，结瓜时肥水猛促。注意及时摘收嫩瓜，提高产量，亩定植 2200 株左右，是国内目前早熟品种之一，宜北方抢早上市的理想优种。

早青：属 F1 一代杂交种，早熟，播种后 40 天左右采收 250 克以上嫩瓜，结瓜性能好，雌花多，在一株上可同时结 2~4 个瓜，而且均可膨大长成，每株平均采收大小不等嫩瓜 8 个，老瓜 1 个，亩产 6000 公斤以上。该品种已出现退化现象。

另外农民常用的还有京葫芦 8 号、法拉利、晋葫 1 号等品种。

二、特征与特性

西葫芦对温度的要求比其他瓜类低，生长发育适温 22~32℃，32℃以上高温，花器官不能正常发育，40℃以上高温停止生长，经过锻炼的幼苗在 8℃以下能维持生长，但正常生产发育必须在 15℃以上。种子发芽适温为 25~30℃，13℃以下不发芽，根系生长的适宜温度 15~25℃，最低 6℃，开花结果期适温 22~27℃，高温易发生病毒病。

西葫芦对光照的适应性强，又较耐弱光。幼苗期光照充足，第一雌花可提早开放，进入结瓜期需强光，弱光高温易化瓜。

西葫芦根系具有较强的吸水和抗旱能力。它既可在干旱条件下生长，也较耐潮湿。因此，管理时前期灌水不宜过多，以防植株徒长，要蹲好苗，果实生长期需充足的水分。

西葫芦对土壤要求不太严格，在砂土、壤土、黏土上均可正常生长，以壤土为最好。对土壤酸碱度的要求以 PH 值 5.5~6.8 为宜。吸肥能力强，整个生育期以吸收氮和钾为多，钙居中，磷和镁较少，但是底肥中 N、P、K 要施足。

三、栽培技术

(一)西葫芦春早熟栽培

西葫芦春早熟栽培多用短蔓型品种，管理省工早熟，适于密植，产量较高，既适合露地又适合保护地栽培。西葫芦在炎热季节病毒病、白粉病严重。只能采取保护地形式进行提早栽培，创造适宜的生长环境，减轻病毒病和白粉病的发生，使西葫芦能越夏生长，大大延长了供应期。

1.播种期及育苗方式，小拱棚早熟栽培

在太谷地区 3 月上旬在阳畦育苗，苗龄 30~35 天，4 月中旬左右定植。有条件的也可在日光温室内育苗，即在 3 月中旬至 3 月下旬播种，苗龄 25~30 天。4 月中旬左右定植，塑料大棚提早栽培。3 月底到 4 月初大棚内定植；日光温室栽培，可直接在温室内育苗，一般播种期为 1 月中旬，2 月上旬定植，地温达不到要求温度要采用地热线育苗。

2.播种前 3~5 天进行种子处理

将购回未包衣的种子，放在干净的容器中，用 50~55℃热水边倒入边搅拌至 30~35℃时，浸泡 4~6 小时，然后洗净黏液，用干净的纱布包好，放置在 25~28℃温度下催芽，待 70%左右种子

顶尖出芽时进行播种，在育苗畦准备好的营养土上朝同一方向点播种子，或在装好营养土的育苗钵内播种。

3.营养土配制

可用6份或5份过筛的园土（要用3年以上未种过瓜类作物的土），4份或5份过筛的腐熟鸡粪厩肥，包括部分草炭或腐熟驴马粪，混合均匀。如果是纯鸡粪或纯羊粪，可根据肥质按土与肥7:3或8:2配合，黏土要配合部分草木灰和炉渣，目的是达到营养土，既有必要的营养，还要疏松透气，另外每立方营养土还要加多菌灵或甲基托布津80克，辛硫磷（杀虫卵）50~60克。将配成较好的营养土，装入营养或填入育苗床内。

4.施肥、整地做畦

前茬作物收获后施肥整地，一般亩施腐熟鸡粪10m³左右，或者亩施充分腐熟的秸秆、人粪肥等杂肥沤制的土肥15~20m³，另外再施入过磷酸钙100公斤、草木灰50公斤、复合肥25~50公斤，同时在定值沟喷施多菌灵或甲基托布津，按500~600倍配比。然后深翻晒垡，一般定植前20~30天扣棚，提高地温，选晴天密闭棚高温灭菌。定植前整地做畦，按定植株行距开沟，开沟后将上述肥料可普施2/3，集中条施1/3，然后作成半高垄，一般亩栽2000~2500株。

5.定植

当保护地内10厘米地温稳定在10℃以上，最低气温在6℃以上时就可定植，要选择晴天上午。定植方法可选用先开沟放苗，少培土到稳住苗后，顺沟浇水，到水渗后埋土整理成半高垄，然后覆地膜；也可整理好垄覆膜后再行定植，打孔时注意将孔口打足够大，将苗索完全放入孔内，埋好周土，然后膜下浇水，注意一定要浇足，使水完全融入定植孔，否则会延迟缓苗，影响幼苗正常生长。

6.缓苗至初花期管理

定植到缓苗前一般不通风，白天棚温保持在25~30℃,夜间不低于15℃,缓苗后根据温度进行适时通风,白天25℃左右,夜间前半夜一般控制在15~18℃之间，后半夜控制在15℃以下,到临晨保持在7~8℃。缓苗后适时浇缓苗水,以后进行蹲苗控秧,选晴天中耕2~3次。

7.开花结果期管理

(1)人工授粉:西葫芦属同株异花,初花时,一般雌花较多,雄花较少,最好用20–30ppm2,4–D或30ppm的番茄素进行涂瓜柄,助授粉或用雄花对雌花授粉,当第一瓜约250克以上时及时采收。

(2)棚温管理:结瓜期白天要尽快提升温度，最高控制在28~35℃,夜间前半夜15℃以上,后半夜要在15℃以下,到临晨7~8℃。

(3)肥水管理:第一瓜花谢后7~8天,及时追肥浇水,根瓜采收后,进入结瓜盛期,一般每采收1次浇1次水,并隔次追肥1次,追肥每次追尿素、硫铵10~15公斤或腐熟人类尿、沼液、鸡粪液等,最好交替使用,每次用一种。根据生长势和市场销售决定收瓜数量,约在6月中下旬瓜秧衰弱时,减少浇水量和浇水时间,将老叶侧枝摘除。

(4)病虫防治:首先采用物理防治,室内悬挂黄色板,用黄色纸上涂机油,利用白粉虱、蚜虫、红蜘蛛等的趋黄性进行诱杀。杀虫效果好,能尽快减少虫卵量。第二注意防治白粉病、病毒液和灰霉病。高温空气干燥,容易诱发白粉病和病毒病,注意预防和防治。灰霉病病菌较喜低温、高温弱光条件,过于密植,氮肥施用过多或过少,灌水过多过勤,棚膜滴水,棚面结露,通风透光不好,均易发生并流行,所以防治西葫芦病害要在环境条件易发病情况下就要预防,注意发病毒病源,预防10—15天喷一次药,如果发病后防治要隔一天就喷施一次,共喷3次,将病控制住。并且注意用药时选用药剂,要交替使用不要混合使用,以防降低药效。灰霉病一般选用扑海因、农利灵、利得可、多霉灵、武夷霉素喷雾,也可用建克灵烟剂或灰霉净烟剂熏烟;预防病毒病,只能是创造作物适宜的生长环境,减少高温和干旱,同时控制毒源,提前预防,一般选用病毒A或病毒克等加菌毒清,农抗120、83增抗剂,每15公斤水再加蛋白乳(牛奶或奶粉)50克左右,加医用吗啉呱5~7片。白粉病易危害瓜类、豆类等蔬菜作物,主要危害叶片,初发病时在叶片正背面出现白色小粉点或白色丝状物,逐渐扩展呈大小不等的白色圆形粉斑。白粉病菌一般在田间或温室内生长,寄生于植株活体上越冬,白粉病菌喜高温、高湿,但耐干燥。因此表现为田间荫蔽、昼暖夜凉和多露潮湿情况下发病重,较干旱时也能发病。植株生长不良,抗病力下降,病情加重。药剂可选用武夷霉素,加瑞农、多硫悬浮剂、嗪胺灵、建保利喷雾。

第四节 茄 子

茄子原产地为印度，引入我国栽培种植已有一千多年的历史,在我国栽培已很普遍,是人们喜食的主要蔬菜品种之一。随着保护地蔬菜栽培的发展，茄子已由夏秋生产，扩大到全年生产,成为周年上市的蔬菜品种。在北方利用温室进行越冬栽培,经济效益很好,亩收入可达2~2.5万元,高者可达到4万元。

当前保护地栽培的形式主要有:一是早春大小拱棚栽培;二是大小拱棚延秋栽培;三是温室越冬栽培和多年生栽培。

一、茄子的生长发育特点及对环境条件的要求

(一)茄子的植物学形态特征

茄子的根为直根系,根系发达,主根最深可达2米,主要根群分布在0—30厘米的土层中。根系木质化较早,损伤后再生能力较差。因此,在移栽和管理过程中,应尽量避免伤根,育苗最好采取营养钵育苗。

茄子的茎较粗，木质化程度较高，直立性强，一般株高80~100厘米,高者达2米以上,早熟品种主茎叶5~8片后,顶芽发育成花芽,成为第一朵花;中晚熟种8~9片叶,形成第一朵花,茄子叶为单叶互生,多为长椭圆形。当顶芽形成花芽之后,花下相邻的两个叶腋间则发生侧芽,形成二次分枝,代替主茎,两个侧枝成“丫”形,几乎均衡生长。当侧枝长出2~3叶后,顶芽又形成花芽,然后侧枝又形成二次分枝,依此类推。第一朵花形成的果称为门茄。茄子所有叶的叶腋间都有潜伏的腋芽,在一定条件下,都可以形成侧枝,并开花结实。但多数基部侧枝长势弱,结果晚,不仅与其他结果枝争夺养分,而且影响通风透光,造成田间郁闭。因此,生产上要及时将这些腋芽抹掉。

茄子的花单生或簇生,花冠紫色,为两性花,自花授粉。根据花柱的长短可分为长柱花和短柱花,长柱花花柱高于花药,能正常授粉结实。短花柱一般不能坐果。

茄子的果实为浆果，果实的形状多为卵圆形、圆形或长棒形。颜色呈紫黑色、紫红色、绿色、白色和暗红色,以紫黑色和紫红色为多。茄子授粉后,花冠脱落,萼片宿存,当幼果突出萼片时,称为“瞪眼期”,也是茄果进入迅速膨大的开始。此期加强肥水管理,果实就长的大,产量就高。如果管理上短肥缺水,果实发育慢、产量低。有些果实在发育过程中,由于受到不良条件的影响和生理障碍而形成畸形果、裂果和僵果等。

（二）茄子的生物学特征和对外界环境条件的要求

1.茄子的喜温性

茄子适宜的生长温度为20~30℃，温度高于35℃或低于17℃，则生育减慢，花的分化时间加长，授粉和果实的发育受到一定影响，尤其是花粉管伸长受到影响，而造成落花或形成僵果或畸形果。低于13℃则停止生长，7~8℃则发生冷害。0℃时植株受冻死亡。

茄子的不同生育阶段要求的温度也不同，发芽的适宜温度为25~30℃，最低为11~18℃之间，11℃恒温条件下则不发芽。苗期白天气温以25℃左右为宜，晚上以15~18℃为宜，夜间温度低于10℃生长不良。结果期白天适宜温度为25~30℃，夜间以16~20℃为宜，温度低于15℃果实生长缓慢，温度高于35℃以上易造成落花和畸形果。

2.茄子的喜光性

茄子喜较强的光照条件，光饱和点4万勒克斯，光的补偿点在3500勒克斯左右，光照不足植株生长细弱，产量降低。且色素不易形成，果实颜色变淡，尤其是紫色茄，不易上色。光照充足植株健壮，花芽分化早，门茄着生节位低，前期产量高。茄子虽然是短日照植物，但对光周期反应不敏感，在强光照和9~12小时日照条件下，幼苗发育快，花芽分化早，花期提前。光照不足，植株长势弱，叶片薄，花芽分化晚，短柱花多，结果率低。

3.茄子对水分的需求

茄子分枝多，植株高大，叶片大而薄，蒸腾作用强，因此茄子喜水、怕旱。但也怕湿度过大，湿度大病害加重。如果土壤墒情稍差，叶片很容易萎蔫下垂，根系耐旱较差，所以要求土壤有较高的含水量，适宜的土壤含水量为14%~18%之间。如果空气湿度在85%以上，时间稍长则易导致茄子绵疫病的发生和蔓延，且易造成授粉困难、落花落果。若土壤水分不足，植株和果实生长慢，果面粗糙，品质差。因此，在保护地栽培过程中，既要注意浇水，保持适宜的土壤含水量，又要防治土壤和空气湿度大，应及时通风散湿。

4.茄子对土壤和肥料的要求

茄子适应性较强，在各种土壤上都可栽培，但以土质疏松，有机质含量高，通气良好的壤土和砂壤土栽培最好。而且要求有良好的排水条件。茄子要求中性土壤，PH 值在 6.8~7.3 之间较适宜。

茄子生长周期长，根系发达，喜欢高肥力的土壤和较高的施肥量，对氮、磷、钾的需求，以氮最多，钾次之，磷较少。每千公斤茄子需 N3.24 公斤，$P_2O_5$0.95 公斤，K_2O4.4 公斤。氮、磷、钾配合施用，能使植株健壮，促进花芽分化，产量高。如氮素缺乏，不仅植株弱小，而且开花晚，结果少，产量低。苗期需磷较多，若磷不足则影响根系发育，发根缓慢，根量明显减少。磷充足不仅根系发达，而且苗子粗壮，花芽分化也早。茄子在盛果期对氮、磷、钾需要量较多，如果此期氮肥不足，短花柱花增多，结实率降低。钾是茄子株体形成、开花、结实所必需的重要元素，满足它对钾的需要，不仅株体健壮，而且产量高，品质好。

二、适宜保护地栽培的品种

保护地栽培茄子，对品种的基本要求是：较耐寒，较耐弱光照，抗病性强，丰产，果实商品品质和食用品质好，符合市场需求。目前采用的品种主要有：黑冠、黑旋风、天津快圆茄、黑霸王、布利塔、兰竹长茄、紫长茄 2 号等。

三、栽培茬口

保护地茄子栽培因保护设施不同，主要有 4 个茬次：一是用小拱棚保护的春季早熟栽培，一般于 12 月上中旬播种育苗，4

月中旬定植,供应期为5月下旬至7月下旬。二是春用型大拱棚早春茬保护栽培,一般于11月下旬至12月上旬播种育苗,3月上中旬定植,供应期从4月至7月。三是大拱棚秋延迟栽培,一般于5月上中旬播种育苗,7月上旬定植,采收供应期为8月下旬至11月。四是温室越冬茬栽培,一般于8月中下旬播种育苗,11月上旬定植,供应期从元月上旬至7月底。

四、温室越冬茬和秋延迟栽培技术

(一)育苗

大棚秋延迟栽培和温室越冬茬栽培两个茬次,其育苗期都处在高温季节,可采用露地育苗方式,但要选择地势较高、排水良好的地块建苗床,床上可插竹拱架,播种后至真叶出现前,拱架上用银灰色遮阳网覆盖,以防因强光高温灼伤幼芽,雨前覆盖塑料薄膜,以防大雨拍苗。越冬茬的育苗畦在10月上旬以后,随气温降低,要覆盖塑料薄膜,必要时夜间盖帘子保温。

(二)定植和定植后的管理

1.定植

(1)整地起拢和施用基肥:前茬作物收获拔秧后及早整地,结合深翻地施用基肥。基肥使用为每亩腐熟的有机肥,如圈肥等8000~10000公斤,过磷酸钙30~40公斤(磷酸二铵15~20公斤),硫酸钾20~25公斤,尿素7~10公斤。全部基肥可以一次结合深翻地施入土壤中;也可以一半的有机肥结合深翻地施入,一半有机肥和化学肥料混合,在起拢前施于垄下,采用集中施肥与普遍施肥相结合的办法,更利于肥效的发挥。

翻地施肥后耙平地面,按行距起垄,垄高15厘米左右,选用早熟品种的垄距60厘米,定植株距30厘米,每亩栽植4000株左右。选用中晚期熟品种的,因株型较大,垄距70~80厘米,定植株距33厘米,每亩栽植2500~3000株。

老棚在定植前还要进行棚内消毒以防病害。方法是，按每立方米空间用硫黄5克，加80%敌敌畏0.1克和锯末20克混合后点燃，密闭熏蒸一昼夜，再打开通风口放风。

(2)定植：越冬茬定植时，棚内10厘米地温稳定在12~15 ℃以上。定植应选晴暖天气，按上述定植密度要求在垄上开穴，定植穴深度为12厘米，即比育苗坨(或容器)稍深，穴内浇水，水渗下一半时，把苗坨栽入穴中，水渗下后封穴。全棚定植后，再整理垄面，全棚垄地均覆盖地膜，并用土封好定植孔。地膜边缘只需拉紧盖好，不需用土密封。

2.定植后的管理

(1)缓苗期的管理：秋延迟栽培的，定植时气温尚高，有利于缓苗，此期温度管理主要是防止晴天中午光照太强，幼苗蒸腾量和地面蒸发量均较大而引起的暂时性萎蔫现象的发生，防止办法主要是中午前后适当遮阴，以减少茄苗失水。必要时可在垄间浇水，并起到促进缓苗的作用。10月上旬大棚扣棚膜，因气温较高可以开前窗通风，中旬以后注意天气变化，如有降温天气，要及时封闭保温。

越冬茬栽培的，定植时气温较低，在管理上重点是提高棚温促进缓苗。在定植后的10–15天内，一般不通风，使棚内气温白天保持在30 ℃左右，最高棚温可在32℃，夜间15~20℃，不要低于12 ℃，提高棚温的办法，主要是掌握通风。中午棚温过高时可开顶窗做短时间通风。不透明覆盖物早揭早盖，并保持棚膜清洁。这样则可以保持较高的气温，有利于根系的恢复与生长。晴天中午如出现茄苗萎蔫，可以放下部分草苫遮阴。如夜温偏低，还可以垄上架设小拱棚提高温度。

(2)结果前期的管理：带蕾栽植的大壮苗，在定植后15天左右门茄即可开花，从开花授粉至门茄可以采收，大约22~26天，为结果前期。此期的管理目标是促进植株营养生长，壮旺，形成丰产长相，同时促进门茄的坐果率和提早成熟，保持营养生长为主和营养生长与生殖生长的均衡状态。秋延迟栽培的可以早熟高产，越冬茬栽培的植株能更好地适应深冬期的不利气候条件，既可安全越过深冬期，又有一定的产量。具体管理措施是：

①加强棚温调控。保持较高的棚温，白天棚温 26~30 ℃的时间要保持 5 个小时以上，中午棚温达到 32 ℃时，进行适当通风换气，下午棚温降至 25℃ 以下时，及时关好通风口。夜间要加强保温，加盖草苫，草苫之上再加盖一层薄膜，不仅起一定的保温效果，而且防雨雪，使棚内温度维持在 16~20 ℃，最低不低于 12 ℃。

②使用 CO_2 气肥。缓苗后即开始在棚内施放 CO_2，特别是气温较高的晴天可以适当增加释放量，以提高棚内 CO_2 浓度。根据研究，茄子当 CO_2 浓度在 3000ppm 时，果实的产量是3000ppm 浓度以下的 3 倍，说明茄子施用 CO_2 有较大的增产潜力。

③做好整枝和肥水管理。要及时把第一分枝以下的侧枝全部抹去，以免消耗养分。早熟品种可采用“三杈”留枝，中晚熟品种可采用双干留枝。门茄如核桃大以前可不浇水，未盖地膜的，多行沟间松土保墒，避免浇水过多影响地温提高，造成徒长和引起落花落果。为防止浇水降低地温，要采用选晴天上午浇水。

④提高坐果率。影响坐果率的因素很多，除花器自己构造缺陷和短柱花外，持续高温高湿和低温、阴雨及病虫危害，都可以引起授粉受精不良，而造成落花。为防止落花落果，除要有针对性的加强管理外，使用生长调节剂是提高坐果率行之有效的方法。目前使用最多的是 2.4—D，使用浓度为 20~30ppm，在此范围内，气温高时浓度可低些，反之则高些，使用时涂抹果柄或者

蘸花，不能溅到叶片和茎上，以防造成伤害。使用的最佳时间是含苞待放和刚开放的花朵，用药时可在药液中加入少许红墨水，以防重复处理，处理后一般不落果，不易出现畸形，茄果膨大加快。

（三）盛果期的管理

门茄采收后，即转入结果盛期。此期，茄株生长量大，结果数量增加，要求适宜的温度、光照条件和充足的肥水供应，但是，秋延迟栽培的，随着产量的增加而气温越来越低。越冬茬栽培的正处在深冬期向春季过度，气温开始逐渐回升。因此，在管理上既要做好大棚的增温保湿管理，又要注意做好通风防高温为害的管理。而肥水的管理要和棚温管理相配合，尽量发挥综合效应。

1.温度管理

自 12 月中下旬至 2 月上旬以前，是全年气温最低、光照条件最差的季节，在冬暖大棚的管理上称为深冬期管理。温度管理的重点是增温保温，力求能做到按照茄子盛果期对温度的要求，棚温白天保持 25~30℃，夜间 15~20 ℃。方法是做好不透明覆盖物的揭盖管理，晴天要尽可能的早揭和适当的早盖；阴天要适当的晚揭早盖；再是增加一层纸被，或一层旧薄膜，前窗增加围苫；通风减少。2 月上旬以后，深冬期已过，气温回升，光照时数增加，棚温在白天升高较快，当棚温超过 32 ℃，即开顶窗通风，特别是注意做好浇水后的排湿通风，严防棚内湿度过大。进入 3 月份以后，加大通风量，推迟盖苫的时间，防止夜温过高。

2.光照管理

12~2 月份因光照不足，易形成短花柱和畸形果。因此要每天擦净薄膜表面灰尘，降雪时要随下随清除。棚内后墙要张挂反光幕，可增加后部光照，以改善棚内光照状况。

3.肥水管理

盛果期,每 8~9 天浇一水,间隔一次水,随水追一次肥,用量每亩尿素 10~15 公斤或磷酸二铵 10 公斤, 除施用速效性化肥外,还可追施经腐熟的人粪稀,每亩用量 800~1000 公斤。

4.整枝

门茄以下侧枝需全部打掉,上部采用双干整枝法,即在茄形成后,剪去两个向外的侧枝,形成两个向上的双干,以后所有侧枝都要打掉,当四门斗茄果坐住以后,在茄果之上 4 片叶进行摘心。保持每株结 7 个果实。

5.化学调控

为防止低温引起的落花和畸形果, 在开花前后 2 天内用激素处理花朵。

(四)采收

早熟品种在开花后 20~25 天可采收嫩果。门茄宜早采收,否则会影响对茄发育而致坠秧。适宜采收期的判断:茄子萼片与果实相连接处有一条明显的白色或淡绿色的环状带, 环状带明显时表明果实正在快速生长,组织柔嫩,不宜采收;如果这条环状带已趋于不明显或正在消失,则表明果实已停止生长,应及时采收。采摘时还要参考市场价格,价格好可适当早采。采收时宜用剪刀或刀,齐果柄割断,以免果柄在贮运中将果皮划破。

五、茄子增产的特殊管理措施

(一)怎样田间诊断

在幼苗期叶片展开后如出现发紫现象是地温偏低所致,如叶片显薄,叶色淡时是氮肥不足,光照不足引起,如叶柄和茎夹角变小,顶部新叶尖端下垂则是夜间温度过高所致。在结果期茄子植株最上面的花将开放时,顶梢应有 2~3 片幼叶展开,如发现仅有 1~2 片时就表示生长势偏弱。从上往下看,已开花部位距顶端如不足 10cm 也是长势偏弱的表现,正常的应达 15cm 左右。观察果实也可帮助进行营养诊断:果实着色不亮,是光照不好或昼夜温差不大所致,果实无光泽可能土壤缺水或湿度过湿影响根系发育所致。如发生果实发皱或裂果则表明激素处理浓度太高或处理时温度太高所致。

(二)为稳产如何巧整枝

合理整枝可调节植株长势,提高茄子连续结果的能力,避免出现一年枝干在连续坐住 3~4 个果实后出现的头变细,叶变黄,使结果出现断层的现象。巧整枝三步骤:第一步是主枝连续摘心换头,就是当植株长到高约 1m 时把主枝摘心处理,以后每长 40cm 摘除一次,连续 3~4 次。第二步,摘心后待侧枝长到 8~10cm 时,选留长势健壮的 2~3 条侧枝做结果枝,其余在 1~2cm 处剪除,但注意不要从基部剪除,以免抑制侧芽萌发。第三步是三侧枝留两果,就是由下到上选留三侧枝但要摘除一个侧枝的果实,仅留两枝结果,待摘果后再让空侧枝结果,这种管理方法可实现结果枝不断层。如果有的农户追求只想结大茄,我们则建议采取回缩的整枝办法。由于茄子有连续结果的习性,通常所说的"四门斗、八面风、满天星"就是形象地表明茄子越往上结果越多的规律,但这样结果势必造成营养输送渠道延长,果实随之变小甚至丧失商品价值。聪明的农户就采用回缩修剪的整枝办法减少了经济损失。具体方法是从"八面风"时,看长势确定采取的手法。如果重度衰弱,明显脱水脱肥则极重回缩,从两个主枝的分叉处回缩。中度弱的往往枝多果少,门茄部位上下尚有健壮侧芽的植株则需把果实摘除,从门茄处剪断回缩,使健壮侧芽早发壮枝结果。对生长基本正常,仅表现轻度衰弱的植株,则把上部小果摘除,留几个长势好的果实,然后在"四门斗"以下部位有健壮侧芽处回缩，把空枝剪除，留3~4个健壮芽培养成结大茄的结果枝组。

（三）看长相巧管理

1.疯长不坐果

有的茄株长势还可以，但不见花，就应控制氮肥用量，并深耕切断部分根系，也可适当整枝打叶，促进通风透光。还可借鉴有经验的农户用拿捏法促蹲苗控长，就是在疯长株顶下第三叶间处用两手指轻轻一捏，让其放“响”出水，让其输导组织暂时受损不能往上输送养分而蹲苗停长，待3~5天捏伤处愈合成小疙瘩再恢复生长，这样能达到控疯长促花的目的。当然也有的农户喷缩节安等生长素来调节生长。还有的植株也有花蕾但往往落花严重坐不住果，这主要是花芽分化期养分供应不足。夜温偏高、温差小或过于旱、日照不足造成花质量差，短柱花多而引起的生理性落花。管理上要注重培养壮苗壮株，把温度、湿度按生理要求调节好。关键是决不能因温度低而在茄子棚内搞人工加温，只要夜温高就会大量落花。涂2、4—D时要严格看温度，温度偏高时浓度为20毫克/千克，偏低时则是30毫克/千克，并不得反复涂抹。

2.发生僵果怎么办

茄棚往往会发生果实个小、果皮发白、表皮隆起、果肉发硬、不堪食用的现象，俗称石果的僵果现象，其实是单性结实的畸形果。大多是因开花前后遇低温、高温或连阴雪天，光照不足，花粉发育不良所致。如花芽分化期遇温度低、肥料多，浇水又重，使营养过多，细胞分裂多也会造成多心皮的畸形果，干旱后遇大水也会使果皮生长赶不上果肉生长造成裂果。这些都应加强适温适肥适水管理，特别遇弱光时要适当调低夜温，增加昼夜温差。适当控制浇水，采取偏干管理，重点控制铵态氮用量，更重要的是可叶面喷糖液即红糖0.5g、尿素0.2g,加入水50ml,每隔5~7天喷于叶面。一定要在晴天上午喷,喷后注意适当放风。

3.根据长相巧施肥

花蕾不开是缺硼，可叶面喷施700倍液硼砂水溶液或喷光合微肥。茄子顶端芽弯曲、杆变细、侧枝增粗是氮多低温引起钾、硼吸收受阻所致，可在增加有机肥的基础上按每667m²追施硫酸钾15kg和硼砂1kg。茄子嫩叶发黄、幼叶呈鲜黄、叶尖残留绿色、中下部叶片有铁锈色条斑是因多肥、高温、土壤偏酸、锰多抑制铁素吸收所致的生理性缺铁症。可采取喷硫酸亚铁500倍液或田间施石灰调节酸碱度的办法克服。

茄子植株叶边缘褪绿、变白、干枯是氮中毒的表现。如果棚内施用过量未腐熟的农家肥或尿素施用过量,造成氮气聚集,茄子植株因根系周围土壤中浓度大而无法吸水而中毒，容易突然萎蔫。所以强调必须要施用充分腐熟的农家肥,施用氮肥要少施勤施,施后要通风、浇水。如已发现中毒现象,则在叶背面喷洒1%食醋溶液能明显减轻症状。

茄子植株下部叶的叶脉变褐、沿叶脉两侧突现褐色斑点是锰中毒表现,主要因土壤酸化、黏重、浇水过多和土壤通气不良所致。可用砂改良土壤黏性,施用石灰改良酸性并控制浇水量,要强调施用腐熟的有机肥和注意不要过多施用化肥。

茄子植株如发生叶色淡、上部叶片下垂、沿叶脉有失绿小斑点逐渐呈现褐色而失绿、萎蔫则是缺铜造成。主要因土壤碱性造成。可喷施0.3%硫酸铜水溶液进行挽救,但主要应注重改良土壤,施用酸性肥料和增施腐熟农家肥。

第五节 甜瓜

甜瓜是一种古老的栽培作物，我国各地盛产的梨瓜、香瓜、蜜瓜、白兰瓜、哈密瓜等都属甜瓜种，通称甜瓜。甜瓜主要以成熟的新鲜果实为产品，一向被认为是高档水果，尤其是厚皮甜瓜果大肉厚、美观耐贮，受到世界各国消费者喜爱。

随着我国设施园艺的迅速发展，华北、东北、华东地区相继从国内外引种在温室内试种厚皮甜瓜取得成功，结束了多年来只有新疆、甘肃等西北地区才能种植甜瓜的历史，使甜瓜栽培得到了更进一步发展。

一、类型与品种

我国的甜瓜可分为薄皮甜瓜和厚皮甜瓜两大类型。

（一）薄皮甜瓜

薄皮甜瓜又称香瓜和梨瓜，株型较小，叶色深绿，小果，单瓜重 0.3~1.0 千克，果皮光滑，连皮而食，肉厚 1.5~2.0 厘米，含糖 10%~13%，不耐贮运，较抗病，耐湿，耐弱光。按果实外部特征可分为白皮、黄皮、花皮、绿皮 4 个品种群。

梅亚富甜一号（黑龙江梅亚种业有限公司生产，太谷县金诺种苗中心代理销售）适宜温室、大棚、拱棚及地膜栽培，适应性广。（1）极早熟。正常年份从播种到收获 55~58 天，早春低温期果实发育正常，生长快速，早熟性特别突出；（2）瓜码密。见节就有瓜，子蔓孙蔓均能结瓜，坐瓜率极高，一般每株结瓜多达 12 个；（3）形色美。果实短圆形，成熟时洁白如玉，且覆黄晕，尾瓜头瓜基本一样大小，靓丽美观；（4）高抗病。植株根系发达，长势强劲，耐低温，抗衰老，抗白粉病、枯萎病能力强，精心管理到罢园不死秧；（5）个个保甜。糖分 16 度，最高可达 18 度，香味扑鼻，肉质脆嫩，口感极佳；（6）耐贮耐运性好。果肉不易软化，贮运7~10天，不易变质，长途运输不宜裂瓜，挤压破损少；（7）瓜个大，产量高。平均单瓜重500克左右，亩产4000公斤，高产田可达5000公斤以上，该种是薄皮甜瓜中的精品。

永甜2008（杂交一代，代理商同上）出自中国著名甜瓜育种专家贾永和之手。果实梨形、整齐，色泽洁白，成熟后带有浅黄晕，果型优美，色泽艳丽，食欲感增强。标准果重380~420克，上市集中，商品性好。自然条件正常，栽培方法得当，含糖量稳定在18%左右，果肉甜脆，适口性好，货架期10天果肉不变软，糖分不降低，是长途运送的理想甜瓜品种。子蔓孙蔓都能结瓜，坐瓜率高，耐枯萎病能力强，亩产达3200~4000公斤，花落后28天成熟上市。

超甜雪碧（产地台湾，辽宁葫芦岛市南澳瓜菜种子研究所生产）杂交一代抗病极早熟高糖薄皮甜瓜。开花到成熟26天，含糖18度，肉质甜脆，口感特好。果大而均匀，平均单瓜重0.8公斤左右，单株孙蔓结瓜4~6个，成熟果雪白色，商品性好，耐贮运，抗病性强，尤抗白粉病和霜霉病。亩栽1200株左右，孙蔓结瓜，主蔓4~7片叶摘心，留3~4条子蔓。

花皮面瓜，果实长圆形，成熟时底色橘黄复绿条斑，果面光滑美观，厚2~2.5厘米，含糖10~12度，单瓜重600~1500克，亩产2500~3000公斤，生长期85天，八成熟能运，老熟时肉质松沙，面甜、味香，是炎夏孝敬老人之佳品。

（二）厚皮甜瓜

厚皮甜瓜生长势旺，叶片较大，叶色浅绿，果中大，单瓜重2~5千克，果皮厚而不可食，种子较大，耐贮运，晚熟种可贮3~4个月以上，喜干燥、炎热、强光、大温差。

伊丽莎白，从日本引进的一代杂种，早熟，果实发育期30

天。单瓜重 500 克,果圆、金黄皮、肉厚肉白,厚 2.5 厘米,肉细软,有香味,含糖 13%~15%,亩产 1500 公斤,抗湿,不抗白粉病,后期水分多时易裂瓜,耐贮。

状元,从台湾引进的一代杂种,中早熟,果实发育期 40 天左右。单瓜重 1.5 千克左右,含糖 14%~15%,肉白,靠瓤处淡橙色,不宜裂瓜,耐贮运,生长势弱,易早衰,抗病性较差。

河套蜜瓜,早熟,生育期 100 天左右。果实发育期 47 天,果卵圆形, 单瓜重约 750 克, 果皮橙黄, 果肉淡绿, 甘甜, 含糖 14%,浓香,耐贮运,生长势弱,易早衰,抗枯萎,不抗炭疽病。

二、特征与特性

(一)特征

甜瓜根系发达,仅次于南瓜和西瓜,主根 1.5 米,侧根 2~3 米,绝大多数侧根分布于地下 30 厘米内。茎蔓生,有卷须,茎上可长不定根,具攀缘生长特点,主蔓生长较弱,侧蔓相对旺盛。叶片多为近圆形和肾形,不分裂或浅裂,薄皮甜瓜深绿色,厚皮叶浅绿色。雌雄同株异花,雄花为单性花,雌花为两性花。花黄色,钟状,萼片 5 个,雌花柱头短,子房下位。1 株甜瓜可形成雌花 100~200 朵,结实雌花大多着生在子蔓和孙蔓上。果实为瓤果,果型有圆形、纺锤形、长棒形等,果皮为绿、白、黄、橙红色,果肉有绿、白、橙红等,种子为黄白色。薄皮甜瓜种子千粒重 5~20 克,厚皮甜瓜 30~80 克,一瓜中有 300~500 粒种子。

(二)特性

甜瓜起源于非洲, 干旱炎热的热带沙漠气候条件决定了其对环境条件的要求为:喜水、喜光、空气干燥、昼夜温差大。

1.温度

甜瓜为喜温作物, 植株适宜的温度为白天 25~35℃, 夜间 16~18℃。发芽期最低温 15℃,最适宜温 30~35℃;幼苗生长最适宜温20~25℃;果实发育最适宜温30~35℃。当温度低于13℃时茎叶生长停止,10℃时完全停止生长。根系生长的最低温度是8℃,适宜20~25℃,生长最快的温度是34℃,昼夜温差要大于10℃以上,温室春季地温升至14~15℃以上时才可以定植。

2.光照

甜瓜是喜光作物,光照充足,植株发育健壮,开花结果正常进行,光照不充足,植株发育瘦弱,开花不结实或结实小。甜瓜每天最好有12小时的光照。14~15小时光照,子蔓发生早,植株生长快,雌花多;每天少于8小时光照,甜瓜茎蔓细长,叶片薄,叶色淡,易徒长,雌花少,病害多,品质差。

3.水分

甜瓜与西瓜相比,叶片不具深裂,表面无蜡粉,根系发育比西瓜弱,因而比西瓜更需水分。甜瓜叶片宽大,蒸腾作用旺盛,是喜水作物,根系有强大的吸水能力。在干旱的条件下也能很好发育,而糖分积累较多,品质较好。甜瓜在幼苗期需水量少,伸蔓开花至坐果期植株需水较多,抓紧灌水,补充土壤水分不足。果实膨大盛期需水逐渐减少,成熟期前5~8天停止浇水。田间持水量达70%以上时,会发生沤根,2~3天就会死亡,持水量低于48%时,甜瓜会因干旱,枯萎死秧。根系的好氧性强,含氧在2%以下时,根系呼吸停止,1天内根系死亡。

4.土壤

甜瓜喜欢土层深厚肥沃的沙壤土,忌土壤黏重、含水量过大、透气性差的土壤。甜瓜生长发育时氮、磷、钾比例为30:15:55。氮肥在植株发育前期特别重要,对促进叶片发育,茎健壮生长十分重要;磷肥对花芽分化和雌花的形成有重要作用;钾肥对果实的发育,品质的好坏有直接的影响,正确施用钾肥,瓜大而整齐,色泽鲜艳,瓜甜品质好,而且抗病力提高;钙是甜瓜碳水化合物的合成,含糖量提高必不可少的元素。

甜瓜施肥应以基肥为主,一般底肥要施足,整个生育期所需的营养,每亩施用2500千克的羊粪或充分腐熟的鸡粪,加过磷酸钙40千克,硫酸钾15~20千克,尿素10~15千克,结合防病增施1~2次叶面肥。

三、生长发育关系

甜瓜的生长发育是在矛盾中进行的。植株生长过旺,雌花出现就晚,果实可长大但成熟期延后,影响经济效益;植株生长稍弱,虽有利于雌花提早发育,但瓜小而且易产生畸形瓜。因此,对甜瓜来说,调节好营养生长和生殖生长的关系很重要,前期要调控结合,植株生长势叶面积长到一定阶段,就要加大温差,促进植株根系的壮大发育,为甜瓜早结瓜打好基础。

对于早熟品种来说,一般生长势较弱或长势中等,不需要控制。前期应加强肥水管理,促进植株生长;对于长势强的品种,应严格控制氮肥的使用量和伸蔓前期灌水次数,加强主蔓、子蔓、孙蔓的管理,不能串蔓,保证果实的生长膨大。

甜瓜从雌花到果实成熟大约需要25~32天时间。如子蔓结瓜,雌花一般在3~4片真叶外开花,坐瓜后,留2~3叶打顶,每个瓜保证有6~8片功能叶,即早熟品种6片真叶,中晚熟品种7~8片叶,若每株结3个瓜,每株功能叶以18~24片为宜。叶片过多,孙蔓管理不严,营养容易分散,且通风透光不好,不但果实增重慢,而且成熟期延后,含糖量品质下降。甜瓜应加强对功能叶片的管理,正确施肥浇水,使叶片肥大,叶色有光泽深绿,寿命可达30~40天,制造的营养物质多,果大而整齐。对于孙蔓节瓜的品种,子蔓在3片真叶摘除生长点,促进孙蔓发育,孙蔓在3片真叶出现雌花,再在瓜前留3片真叶打顶,使每个瓜有6~8

片真叶供养。

甜瓜子蔓、孙蔓均可结瓜，主蔓结的瓜小，容易产生畸形瓜，一般不留，子蔓能结瓜就不用孙蔓，因子蔓功能叶光合作用强，结的瓜品质好、大，且商品性好。总之，要正确合理调整甜瓜生长与发育的关系，结合生长环境和特点，达到高产、优质、商品性好、经济效益高的目的。

四、薄皮甜瓜栽培技术

笔者通过总结太谷县种植薄皮甜瓜的实际和主要栽培形式及栽培季节，并结合太谷县金诺种苗中心近年来作为梅亚富甜一号总代理的种子销售情况，以及对应栽培技术，总结如下：

薄皮甜瓜近年来在太谷主要日光温室和大棚以及中小拱棚内春提早栽培，不过露地也有栽培，栽培技术基本相同，只是育苗和定植时间不同。

（一）整地做畦和施肥

甜瓜耐旱不耐涝，选择排水良好的沙壤土，切忌不适宜透气不好的黏土。种植前要深翻20~25厘米，不易与其他瓜类接茬。农家肥以充分腐熟的羊粪、鸡粪为最好，其次是猪粪和土粪，一般每亩施4000~5000公斤，整地时将底肥一次施入，定植时在垄沟再穴施磷酸二铵和硫酸钾各15公斤。因甜瓜对氯敏感，在施肥时应注意不施氯化钾肥料，钙素在甜瓜糖的合成上起重要作用，缺钙瓜不但不甜，还容易形成腐料瓢，失去食用价值，因此，每亩增施过磷酸钙50~70公斤，最好和有机肥一同发酵后使用效果更佳。而且在整地的同时，为了预防病害，还要施入25%的苯来特、50%多菌灵或50%甲基托布津，按1:100的药土配比预防枯萎病，每亩用药0.5~1公斤左右。甜瓜的垄宽以70~90厘米为宜。

(二)育苗

甜瓜依定植时间和栽培方式的不同,育苗时间也不同,一般在温室、拱棚和阳畦内均可育苗。

在晋中日光温室栽培一般在10~11月育苗，大棚栽培在2月中下旬育苗,露地在4月育苗。育苗时间应掌握在定植环境温度稳定在12℃以上,土壤温度稳定在15℃以上,向前加上苗龄30~35天,而确定育苗时间。

1.种子处理

无论从那里买的种子,都要在浸种催芽前2~3天将种子拿出来经过阳光照射打破休眠。然后将种子先用55℃热水边倒边搅拌至水温到35~30℃时，浸种4~6小时，种子捞出后洗净黏液,再用0.1%的高锰酸钾液浸泡20分钟,洗净再用500倍70%甲基托布津或1000倍50%多菌灵浸泡20~30分钟，在浸泡时要不断搅拌种子。将药液浸泡过的种子用清水洗净，用干净的湿毛巾包好,放在28~30℃左右的环境中催芽,一般14~34小时就可出齐芽,要在70%左右出芽后就要逐渐降温,准备播种。

2.播种

将催好芽的种子用夹子或筷子点播在营养钵内,如需嫁接,要先在育苗盘内育苗,嫁接后再移到育苗钵内。

3.营养土的配置

营养土由优质的农田土，腐熟的农家肥及适量的磷钾肥和药剂组成,农田以玉米谷子茬最好,山坡上未种过作物的阳土更好。营养土的土:肥配制比例一般是7:3,6:4或5:5,肥料比例的多少要根据农家肥的肥力和质量而定，若是充分腐熟的纯鸡粪和羊粪,就要按7:3或8:2使用,若是混合肥一般采用5:5或6:4等,草木灰要占0.5份,还要在所需营养土中加0.5公斤磷酸二氢钾。将上述所需成分充分搅拌过筛,装入营养钵内放在苗床上,要求摆平摆严,缝隙用营养土填满,然后浇一次透水,待水完全渗透后,盖一层0.2厘米的药土找平,药土用一袋苗菌敌加20公斤细土拌均匀。然后每钵放发出芽的种子2~3粒,再用药土盖0.5~0.8厘米厚,播种完后用地膜盖好,等出苗后揭掉。

4.苗期管理

育苗期管理主要是温度和水分的管理。出苗以前,温度主要以增温和保温为主,白天保持在30~35℃,夜间最好在20℃左右,不能低于13℃,如温度适宜,一般在播种后三天即可出苗,幼苗出齐后,就要控制育苗环境温度,白天保持在20~25℃,夜间保持在15~18℃,注意幼苗刚出土最易徒长,温度要控制的适当低些。定植前进行幼苗适应性锻炼,与定植环境温度保持一致。水分管理原则上保持苗期不浇大水,若发现干旱即中午萎蔫,可以考虑浇些20℃左右的温水,在补水时加入6000倍的爱多收,促使小苗快速生根。

(三)定植

定植时间根据各自栽培方式的不同自行选择,首先考虑栽培环境温度,气温稳定在12℃以上,地温稳定在15℃以上方可定植。

定植前20~25天把棚膜覆盖好,让冻土解冻,升气温提地温,若是选择先覆地膜后打孔定植,就在定植前5~7天覆好地膜,以利提高地温,然后用打孔器按50厘米株距在垄背上打孔,将育好的营养钵苗置于定植孔内,一定要定植合适,将苗坨全部埋入土中,与周边土靠实,注意不能悬空,否则影响缓苗。然后从膜下浇定植水,浇水多少根据墒情和土质而定,不能太大,适当即可,定植一定要在晴天上午进行,正常缓苗需7~8天,缓苗后一定根据温度和墒情决定是否浇缓苗水。

在浇定植水或缓苗水时,结合发病情况,注意施入一定比例的土壤杀菌剂，预防瓜类枯萎病和其他病害的发生。

（四）植株调整

1.地蔓甜瓜植株调整

目前应用的品种主蔓、子蔓、孙蔓均可结瓜，但是在设施内早春栽培，为了提早，苗期光照时间很难达到10~12小时，再加上气温低，白天也很难达到25℃以上。因此对雌花形成极为不利，经常出现雌花下移现象，即子蔓应出现的雌花，出现在孙蔓或孙蔓以上，为此必须严格整蔓。苗期4~5片真叶时打顶，长出4~5条子蔓，选择其中三条做结瓜蔓，其余的摘除。子蔓在1~2片真叶处出现的瓜一般要摘去，留4~5片真叶部位出现的瓜，这个瓜不但整齐，而且瓜大，很少有畸形瓜，商品性好。坐住瓜后的前方留2~3真叶打顶，再长出的孙蔓一律除掉，使其养分全部供给果实。如出现瓜秧营养生长不良，应保留一条孙蔓作营养蔓，以更多的营养供给果实发育。这样调整后每株结3~4个瓜为好，结瓜过多成熟期易延后，瓜小且不甜，同时要及时防病，保持叶龄25~35天旺盛的光合作用。

2.吊蔓植株调整

瓜苗定植5~7片叶时，用胶丝绳将主蔓吊好，随着植株的不断生长，随时在吊线上缠绕，主蔓一直缠绕生长接近吊蔓胶丝绳顶部时，将主蔓生长点打掉。一般第四片真叶以下长出的侧蔓（子蔓）全部去掉，从第五至第十片真叶叶腋长出的子蔓上留瓜，一个子蔓留一个瓜，瓜上留一片叶打顶。留瓜子蔓的位置，要根据植株长势强弱来确定坐瓜节位的高低和坐瓜数量。如果定植后因各种原因，瓜秧根量少，长势弱，坐瓜节位就适当高一点，待长势旺盛后再留子蔓和瓜或少留瓜。一般主蔓长至25~30片真叶时打顶，以促瓜控秧。在11~20节位一般不留瓜，长出的侧蔓（子蔓）留一片叶打掉。每次坐瓜后，都要将空蔓用剪刀剪掉，以防子蔓太多,瓜秧长势太乱,影响通风透光。

(五)保花保果

早春气温低,昆虫少,甜瓜授粉不良易造成化瓜,棚室栽培昆虫难以进棚传粉,更易出现化瓜。所以要进行药剂处理。若用“强力坐瓜灵”最好在雌花开花前一天,用微型喷雾器均匀喷在瓜胎和瓜柄,在上午10时前或下午4时后,不可高温喷,过量喷,重复喷,以防长成特大瓜和苦味瓜。也可用0.1%的吡效隆系列喷,一般每袋(5毫米)对水1千克(参照说明书使用)。当第一个瓜胎开花前一天用微型喷雾器从瓜胎顶部喷,注意不要喷在瓜柄和叶片上。喷瓜胎时,最好一次处理花前瓜胎2~3个,这样一次处理多个,坐瓜整齐一致,然后根据需要疏去不正常过小过大的幼瓜,保留一个均匀一致的好瓜。但疏瓜时要在膨瓜肥水施用后,坐稳瓜后才可疏,否则易引起植株徒长。

(六)肥水管理

甜瓜一生需肥量较大,除施足底肥外,还要进行追肥,磷钾肥提高甜瓜品质。伸蔓至开花坐果期,瓜秧生长快,吸收养分也快,是吸收氮肥的高峰期,一般每亩追硫酸铵5公斤,可与浇水一起进行。同时喷些叶面肥。第二关键时期是幼果至膨大期,即幼瓜长到鸡蛋大小时,开始追肥。这次追肥以钾肥为主,每亩用10公斤饼肥和4~6公斤磷酸二氢钾一起穴施。甜瓜不同生育期对水分的要求也不同,前期少点,幼果至膨大期多点,进入成熟期要逐渐减少,以免影响果实含糖量。浇水重点在小果期和膨大期,供水一定充足,每隔7~10天浇一水,不易大水漫灌。

(七)温度管理

大棚甜瓜定植后,开花期一定要抓住温度管理,把温度控制在35℃,管理较好,能加快秧苗的生长速度,防止僵苗发生,减轻病害。设施栽培,早春受气候影响,易出现寒流和灾害天气,昼夜温差大。因此,夜间在棚室周围需围一圈草帘,或者地膜上扣拱棚,叶面喷施 K—3 抗逆增产剂。

(八)病害防治

设施栽培甜瓜易发生霜霉病、白粉病、炭疽病、枯萎病等。防治这些病害时:第一,注意预防,在发病条件适宜时,就注意观察,提前预防。在确定是病毒、真菌、细菌病害的情况下,选出防治的药剂,对症下药;第二,每次只能用一种药剂,同类药剂不能混用,只能交替使用,否则易产生抗性;第三,要将药剂先配成原液,再按比例配成喷雾剂量,搅拌均匀,从下向上喷,喷在叶片的背面。

(九)甜瓜嫁接

在设施内如果连续栽培,又难以倒茬,枯萎病严重就要考虑进行嫁接。有靠接和插接两种方法。

生产上甜瓜砧木一般选用杂交白籽南瓜。嫁接方法与黄瓜基本相同,需要注意的是无论那种方法,切口深度要达到要求标准,嫁接苗粗细一致,否则成活率低。

五、厚皮甜瓜栽培技术

厚皮甜瓜栽培首先要根据当地的气候情况、温度变化以及销售情况选择好栽培方式。

栽培技术及管理与薄皮甜瓜基本相同，只是在植株调整上有所差别。如单蔓整枝，主蔓 10 节以下摘除子蔓,10~14 节留瓜，授粉后雌花上留 1~2 叶摘心，在主蔓两侧节位靠近处留 2 个瓜，大中果型留 1 个瓜，当瓜鸡蛋大小时保留果形圆整的幼瓜,其余打掉,顶部侧蔓也打掉,主蔓留 25 叶打顶。双蔓整枝,每子蔓上留瓜各 1 个,其余同单蔓。

第六节　佛手瓜

佛手瓜又名合掌瓜，原产于墨西哥和西印度群岛一带，我国南方各省有栽培，近年来随着南菜北引，佛手瓜在北方也成为重要的秋冬季上市蔬菜品种之一。

一、类型与品种

有绿皮和白皮两个品种。

(一)绿皮瓜

生长势强，结果多，丰产，可产生块根，瓜形长而大，下段稍粗，上有刚刺，皮色深绿，味稍差。

(二)白皮瓜

生长势弱，结瓜少，产量较低，瓜形较小，光滑无刺，皮色白绿，组织致密，味较佳。

二、特征与特性

佛手瓜是宿根性攀缘植物，温暖地区为多年生蔬菜。根系初为弦线状须根，肉质白色，随着植株生长，须根逐渐加粗伸长，形成半木质化侧根，上生不规则副侧根。在一般土壤中，一年生侧根可达 2 米以上。茎分枝性极强，蔓横径圆形、绿色，有不明显纵棱。叶互生，掌状五角，绿色至浓绿色，叶面较粗糙，似有光泽，叶背的叶脉上有茸毛。雌雄同株异花，雌花着生于孙蔓上。

果实有明显的 5 条纵沟，表面粗糙不光滑，上有小肉瘤和刚刺，果实无后熟和休眠期，每个瓜为 1 颗种子。

佛手瓜喜温暖不耐高温，凡是年平均温 20℃以下，夏季各月的平均温度 20℃以下，早霜较迟的地区，均可栽种。佛手瓜是典型的短光性植物，长日照下不开花结瓜。佛手瓜要求肥沃湿润的土壤，不耐涝。

三、栽培技术

佛手瓜多以种子繁殖，1 个瓜就是一颗种子，北方地区多以春季 3~4 月播种，可用温室或温床育苗。育苗时，可直接在育苗畦内装入营养土，进行栽瓜点播，也可在大的育苗钵或育苗筒内装入营养土，每钵栽瓜 1 个，保持 20~25℃，可较快出苗，当苗生长至 5~6 片叶时，即可定植，定植于露地或保护地。

在温暖的地区佛手瓜可持续采收 10~20 年，但北方露地栽培条件下，秋季初霜后即死，可于霜降前进行大棚覆盖以延长其采收期。

温室栽植佛手瓜可在棚前坡 1 米处，按每间一株挖深坑，深宽各 1 米，施足有机肥及复合肥，每坑栽 1 株，直播栽时将瓜平放或柄端向下，深度以不见瓜为准，种瓜要选个大且已发芽的，以保证出苗。佛手瓜幼苗忌施入人粪尿，以免枯萎而死。前期控苗不使疯长，待 6 月底黄瓜拉蔓后引蔓上棚形成棚架。

佛手瓜的田间管理比较简单，除中耕、除草、追肥浇水外，应注意及时引蔓上架，架式以棚架为好。

佛手瓜的采收一般在花后 7~10 天为宜。后期采收的耐贮藏，在冷凉通风的室内用沙层贮藏，可至元旦、春节销售。

第七节 南瓜

南瓜为一年生草本植物，包括中国南瓜、西葫芦（美洲南瓜）、笋瓜（印度南瓜）、黑籽南瓜和灰籽南瓜等五个栽培品种。中国南瓜又称南瓜、倭瓜、饭瓜、番瓜，所以因各地俗名杂乱易引起混乱。中国南瓜、西葫芦、笋瓜在中国北方普遍栽培。

南瓜以幼嫩或成熟果实供食。南瓜果实中胡萝卜素含量丰富,以中国南瓜含量最高。南瓜种子脂肪和蛋白质含量丰富,还含有铁、钙、镁、锌等多种矿质元素。南瓜果实除菜用外,还可加工成果脯、饮料;种子可做食用瓜子。南瓜性甘温,具消炎止痛、解毒功效,常食用瓜子对治疗胃病、糖尿病、降低血脂等均有一定疗效。

一、类型与品种

(一)日本南瓜

本品种是由日本引进的一代杂交种,蔓生,植株生,生长势强,瓜呈圆形,但不规则,瓜皮灰黑色,表面不光滑。果肉杏黄色,肉厚,质细,品质极佳。干面味甜,可口好吃,深受消费者欢迎。单瓜重 1.5~3 公斤，一般亩产 1500~4000 公斤，生育期 100 天左右,全国各地水旱地均可种植。

(二)日本红甜蜜 F1

早熟品种,生长势较强,外观很美,果皮橙红色,果实呈高球圆形,果肉厚,浓黄色,粉质香甜,食用性佳,耐贮耐运,抗性较强,单果重 2~3 公斤。亩产 2600 公斤左右。本品种南北方各地均可栽培,亩栽 900 株,肥力要求较高,4~5 片真叶摘除主心,留 2~3 条健壮子蔓,坐果性好,连续坐果力强,以每蔓 1~2 个好瓜为宜,为二个瓜坐为后,留 5 叶摘心,及时打掉没用的侧蔓,以第二、第三雌花坐果着色最好,全生育期内严防白粉、病毒病。

(三)短蔓蜜王 F1

该品种系短蔓型早熟品种，全生育期 100 天左右，生长势强,抗白粉病,耐瘠薄,耐干旱,坐果节位低,主蔓第一雌花位于 5~8 节以前,以后每 3~4 节再现雌花,子蔓第二节即出现雌花,一株可结 3~5 老瓜。根瓜和第二瓜扁圆形,第三瓜以后近圆形。果实表皮墨绿,上有凸凹棱瘤,果肉厚 3~4 厘米。

（四）甜面王 F1

蔓生，植株生，长势中等，极易管理，扁圆形但不规则，嫩瓜有黑皮和花皮两种，老瓜呈粉红色，棱深，果肉杏黄色，肉厚，品质极佳，甘面，味甜，具有食用和保健多种功能，深受消费者喜欢，单瓜重 3~5 公斤，一般亩产 3000~4000 公斤，全生育期 100 天左右，全国各地均可种植。

（五）蜜本

植株生长，势强，分枝多，蔓粗，节间长，叶深绿色，第一雌花着生于第 15 节左右，瓜条长锤形，头小尾巴大，种子少，瓜长 30 厘米左右，单瓜重约 2~3 公斤，老瓜皮橙黄色，成熟有白粉，肉厚呈橘红，肉质甘甜，细嫩、爽口，水分少，品质佳，市场商品性极好，全生育期 90~110 天，亩产 2000~2500 公斤，产量高，抗病性、耐贮运性强，是国内南瓜品种中的首选优良品种。

（六）甜面大南瓜

蔓生，生长势旺，抗病性强，叶片有白斑，一株可结瓜 2~3 个。瓜形近椭圆，瓜皮深绿色，并有灰绿色条纹，皮薄，肉厚，果肉杏黄色。单瓜重 2.5~3.5 公斤，最大瓜重 10 公斤以上。亩产可达 6000 公斤左右，生育期 100 天左右，亩留苗 800 株为宜，三蔓整枝。

二、特征与特性

南瓜根系发达，生长较快，吸收力强，具有一定抗旱和耐瘠薄能力。茎蔓生或矮生，中空，有不明显的棱绿色披茸毛，蔓性品种生长势和分枝性强，需进行植株调整。叶互生，叶柄中空，叶片肥大。南瓜的叶有五角，有柔毛，叶脉处有白色银斑，花单生，花冠钟形黄色，雌雄同株异花，上午开花，半日花。果实形状扁圆、长圆、梨形或纺锤形，嫩果果皮多绿色或白色，成熟时灰绿、橘红或金黄色，间有斑点或条纹，果皮光滑或具棱、瘤或纵沟。果梗硬,木质化,断面呈圆筒形。种子多卵形,扁平,种皮灰白色或黄褐色,边缘肥厚。

南瓜有早熟、中晚熟、矮生、蔓生不同品种类型,生育期长短差异较大。南瓜属短日性植物,短日照和较大的昼夜温差有利于雌花形成和降低着生节位。当瓜蔓上第一个瓜开始发育时,以后再长出的第二、第三甚至第四个雌花会发生落花或化瓜现象。一般是第一瓜采收后再开的雌花才能坐瓜。

南瓜较耐高温,生长发育的适宜温度是 18~32℃,由于叶片肥大,田间消光系数高,需进行必要的植株调整,使杖叶分布均匀。南瓜有较强的抗旱能力,吸肥能力也强,对土壤要求不严格。在栽培上,不宜施用较多的氮肥,否则,茎叶易徒长。在整个生育期对营养元素的吸收,以钾和氮为多,钙居中,镁和磷较少。

三、栽培技术

(一)栽培季节

南瓜一年一茬, 一般于清明至立夏催芽直播,8~9 月收获,种植早熟品种,可利用保护设施,于 3 月中下旬育苗,4 月中下旬定植,6~7 月收获。南瓜常以越冬菠菜、小葱、大白菜或甘蓝等秋菜为前茬,忌连作,也不宜和其他瓜类蔬菜重茬,应实行 1~2 年轮作,以减轻病害危害。

(二)栽培技术

1.整地、施基肥、做畦

栽植前将土壤深翻,耙平,作成 1.5~2.0 米宽的平畦,每亩施优质农家肥 4000~5000 千克,或者 70%普施,30%集中定植沟施用,再配一定量的复合肥和磷肥。

2.播种和幼苗期管理

种子用 55℃热水处理,搅拌至 25~30℃时,浸种 12 小时,洗净种皮上黏液捞出,用干净湿布包好,放在 28~30℃条件下催芽。有 70%出芽时,选好天气点播,按 50 厘米穴距点播,每穴点 2~3 粒种,覆土 1.5~2 厘米。

幼苗长出 1~2 片真叶时定苗,每穴留一株健壮苗。幼苗表现缺水时,可在幼苗旁 20 厘米处开沟浇水,水渗后覆土,结合浇水可追一次提苗肥,每亩 10 千克硫酸铵。

3.结瓜期管理

当主蔓到 5~6 片真叶时进行植株调整。根据品种特性进行单蔓整枝或多蔓整枝。单蔓整枝是只留一条主蔓, 侧蔓一律抹去,每株留瓜 2~3 个,最后一个瓜前留 5~6 片真叶打顶,此整枝多用于早熟品种。多蔓整枝多用于中、晚熟品种。当主蔓长到 5~6 片叶时摘心,选留健壮侧蔓 2~4 个,每侧蔓留 1~2 个瓜,最后一个瓜前留 5~6 片叶打顶。

当主蔓长到 50 厘米时开始压蔓,隔 5~6 片叶压一道蔓,压蔓时注意蔓的伸展方向,做到茎叶合理布局。

南瓜营养生长旺盛,雌花出现较迟。若营养生长过旺,容易出现化瓜现象,为提高坐果率,可进行对花或 2.4—D 蘸花;或将瓜胎前 2~3 节处扭伤,延缓茎叶生长。第一个瓜坐住后进行追肥,每亩追腐熟鸡粪 500 千克,然后浇水,进入结瓜盛期,适当追施氮、磷、钾复合肥。

4.收获和病虫防治

根据消费习惯进行采收,一般收老熟瓜在开花后 40~45 天采收。南瓜主要病害是白粉病和病毒病。白粉病要在发病初期提前预防;病毒病要注意防治蚜虫、白粉虱等虫害,减少病毒源传播。如果在病毒病易发的区域和时期要提前用病毒 A、病毒灵等加入医用吗啉呱等进行提前预防。

温室南瓜栽培常以观赏点缀,一般不作整棚栽培。

第八节 豆角

一、茬口安排

豆角是市场看好的蔬菜种类,包括四季豆、豇豆。主栽类型是蔓生种,为了抢茬和倒茬也有栽培矮生的四季豆和豇豆。特别是大棚和改良拱棚常种矮生品种赶早市或延秋抢市也会有比较好的效益。这里着重介绍日光温室保证周年供应的五种茬次栽培方法。

(一)冬春茬

十一月中下旬播种或定植已育成的苗，翌年一月中旬开始采收,四月中旬拉秧,如采收翻花结荚则延长至四月下旬拉秧。

(二)早春茬

二月中下旬播种或定植育成苗,四月上旬开始采收,直到六月下旬拉秧。

(三)秧延后茬

六月下旬至七月上旬播种,八月中旬至十月中旬为采收期,如翻花促荚可延长至十一月中旬。本茬正值高温,棚室管理难度较大,但采收期正值露地豆角早茬已过,也能赶上好市。

(四)秋冬茬

八月上旬播种或定植育成苗,十月上旬开始采收,直到十二月中下旬拉秧。

(五)越冬茬

十月上中旬播种或定植育成苗，十二月开始采收上市直到翌年二月中旬。如翻花促荚可延长至三月中旬拉秧。本茬温室光照弱,温度低,产量会受影响。但因正值元旦、春节,所以价值较高,可以大胆地种。但要注意前期促壮苗蓄积营养,后期护好根促发苗壮长不衰。

二、生长发育条件

（一）温度

菜豆喜温暖但不耐高温和霜冻，种子在20~25℃时发芽，如地温低于10~12℃则很难发芽。幼苗出土后生育室温为18~20℃，如此时10℃的低温生长就会受阻，一旦室温降到5℃幼苗失绿。根瘤在地温达23~28℃时才会生长良好。花芽分化室温为20~25℃，低于15℃或高于27℃花芽很难正常分化。

（二）光照

菜豆光补偿点为5000勒克斯，饱和点为3~5万勒克斯，所以要求光照较强。当光照减弱时，菜豆植株光合能力降低，着蕾数和开花结荚数自然减少，落花自然增加，会影响产量。因此栽培菜豆、豇豆的温室要结构合理，所用覆盖材料应采用透光性好的耐候功能膜，并要特别注意保持膜面清洁，最好都悬挂反光幕，以增强光照强度。

（三）水分

豆角对水分反映比较敏感，所以管理难度较大。

1.温度要求高

由于豆角花粉受精要求湿度达80%，所以温室或大棚内必须保持一定的湿度。但又不能太湿，太湿容易造成前期徒长，后期根系腐烂。

2.土壤水分要适中

田间持水量以60~70%为宜。豆角根系较强，水太多根系下扎不深影响发育；水略少，促根下扎。菜豆根系多而强大，本身可下扎到深层吸收水分，所以要先干促下扎。菜豆极怕涝，积水2小时植株就萎蔫，积水6小时植株就会窒息而失去生活力。因此地面管理要见干见湿，湿度维持80%左右，土壤最大持水力保持60%~70%即可。

(四)营养条件

1.前期氮多

豆角对肥料反映也较敏感,吸收氮、磷较多,特别在前期,由于根瘤菌并不多,又要进行营养生长和生殖生长,所以对氮的吸收量很大,此时供给充足的氮肥极有利于增产和改进嫩荚的品质。

2.生长期养分转移规律

到结荚期茎叶中的养分大量向嫩荚转移,其转移率经研究成下列规律:氮 24%、磷 11%、钾 10%,所以结荚期一方面应继续供给适量的氮肥,充足的磷肥和钾肥,后期虽然氮肥吸收量有所减少,但为了防止早衰,也要进行适当追肥,并喷施 200~300 倍的硼砂和 0.01%的钼酸铵保花保荚。

三、栽培管理

(一)品种选择

矮生品种可用美国无蔓长菜豆和美国无架菜豆,蔓生种可用绿龙、丰收一号、白不老、春丰四号、豇豆可用之豇—28 等优良品种。

(二)催芽育苗

50%福美双可湿性粉剂按种子用量的 0.3%配成溶液拌种并清洗几遍后进行催芽,浸泡 1~2 小时捞出待种皮略干时用干净湿布包好种子放置于 20~25℃的热处,每天翻动并淋热水,3~4 天萌动后即可播种。也可浸种后直播。为了保证全苗和赶茬,建议最好还是育苗。育苗方法如下:

1.营养低袋育苗

用营养低袋育苗看似方法较土,但因成本低,方便操作是作物护根育苗农家最常用的方法。特别是育菜豆,因移栽不缓苗,便于生长,建议采用此法。营养土用6份腐熟的厩肥配4份田园土,土中可加NEB和施美腐克及少许复合肥和菌肥,混匀过筛后备用。为了操作方便,要作一种土模具:用马口铁皮焊一长5厘米,宽5厘米,高10厘米的小方桶,桶口敞开,桶底焊一长度约20厘米的手把。先把桶内装满营养土后,用旧报纸或杂志纸把铁盒围一圈,纸筒底封桶口,然后手持模具倒放于畦中,一排排码好后四周用砖挤紧纸袋。每桶装土深度离口2厘米就可,然后浇水下渗。把经催芽的种子每桶播2粒,盖2厘米后离营养纸袋口有一厘米供浇水即可,然后把整个育苗畦用微膜覆盖上再搭小拱棚,保持昼温25~28℃,夜温15~18℃。3~5天种子拱土时揭开微膜,检查拱土状况,随时把带帽的经湿润邦脱帽,出土后棚温下降3~5℃管理。育一棚的苗需苗床40平方米。

2.断根扦播育苗

有些有经验的温室老种植户为了多增收1~2成菜豆,就大胆采用创新的断根扦插育苗法,虽然育苗期间多费了些工夫,但的确收到了好的效果,大家也不妨试试。把催过芽的种子集中播在营养土中,出苗约3~4天内从营养土中起出幼苗把根用刀片削掉,此时对生子叶刚刚展平,然后把断根的苗在干草木灰里蘸一下伤口扦入已浇过水的营养纸袋中并用潮湿营养土固定稳苗子。扣小棚并遮阴,5~7天只喷些许清水,扦插5天可撤除遮阴小棚,保持16~18℃的气温,约20天后幼苗长出一个复叶时就用于定植。经过断根扦插,促使幼苗发生侧根,改变了根系分布,增强了幼苗早发棵的能力,单株可增产1~2成。

(三)定植或直播技术

菜豆大多采用马鞍形定植法:按120厘米做畦,小垄距50cm,大垄距70cm,起垄高15cm。在坑上开浅沟浇小水,水渗后按22~25cm的穴距点播已催出芽的种子,每穴播三粒。移栽的一般先把营养纸筒按穴距摆好,然后浇水埋土整理好坑面。直播或定植完后,用140cm宽的地膜覆盖小垄形成马鞍状,一般浇水仅在小垄沟中的地膜下进行。

(四)肥料管理

1.基肥

和种黄瓜、西红柿、茄子、青椒、西葫芦等蔬菜一样,菜豆温室的基肥必须充足腐熟。平衡施肥。要真正夺高产优质高效我们建议必须均衡施肥:

腐熟厩肥10立方米	饼肥150~200kg
磷二胺50kg	复合肥17:17:17两袋
申丰牌生物菌肥4袋	51%磷酸钾75kg
硫酸镁8kg	硫酸锌6kg
硫酸镁4kg	硫酸铜2kg
螯合铁4kg	硼砂 5kg
蚯蚓龙2袋	A8ni-sc免耕剂2瓶

将上述肥料和物资充分混合后,分两次施入棚内,把70%的在深翻棚内土地时普施进去,深度一定要超过30cm,剩下的可在播种或定植前浅翻15cm左右施于种植畦中。这里着重指出:以前许多培训材料都谈到可把这30%的肥料集中施于种植沟内。经多年农户实践发现,这种集中施肥看似有利实际有害,因为集中到种植沟后,一经浇水,土壤浓度增大,作物幼小的根承载不了,反而影响生长,一般要半月二十天才会适应。所以必须强调普施基肥。

2.追肥

进入旺盛生长期,结合浇水追施复合肥40kg,结荚盛果期应追3~4次肥,可按每亩每次追50kg生物有机肥或速效复合肥

25kg。生长后期可叶面喷施0.5%尿素加代森锌和0.01%钼酸铵溶液可延长生长期,提高产量。

(五)温度管理

缓苗期白天25~28℃,夜间不低于18℃,缓苗后降3℃管理。

(六)水分管理

原则是苗期少,拉蔓期控,结荚期促。定植浇缓苗水后一般不再浇水。直到第一穗荚已显开浇第一水,并随水追施人粪尿或有机生物肥。此后仍要控制浇水,防止徒长,促进花穗形成。直到主蔓2/3花穗开花,再放第二水,以后进入结荚期可每7~10天浇一次,注意隔一次追肥一次。

注意保持棚内湿度在65%~70%最佳。

(七)拉蔓上架,及时采收

串蔓前及时拉蔓上架,注意整理大垄距中的蔓不要相互串蔓,以免影响行走。结荚后注意把采荚后的叶子打掉并清洁干净,不要等黄了才摘,以免影响通风透光。

还要注意及时采摘嫩荚,菜豆果荚首先膨大,当成形时果荚纤维较少,糖分含量也高,这时种子才刚刚开始生长,正是采摘的最佳时期。此时采摘还可调整植株生长势,也能延长结荚期,提高产量。有些农户怕此时采摘单荚重量轻,想等荚内种子略饱满,有分量时再采摘。殊不知每种作物最终生长目的是传宗接代,一旦有了种子整个生长就失去极性,生长势就减弱,从而提前老化。

第九节 绿叶蔬菜

一、油菜

(一)栽培特性

油菜喜冷凉气候,气温在18~20℃时生长良好,-2~-3℃时能安全越冬,25℃以上生长衰弱,易感染病毒病,只有少数耐热品种可在夏季栽培。如果春季气温低于0~5℃的时间较长,则需采取保护措施,进行早熟栽培。油菜叶片柔嫩,蒸腾作用强,根系主要分布在浅土层中,所以,有较高的土壤湿度和空气相对湿度才能生长良好。它喜土质疏松、肥沃、保水保肥的壤土或沙壤土。在施用有机肥的基础上,需追施速效氮肥。

(二)日光温室的栽培技术

在日光温室中种植油菜宜选用耐寒、晚抽薹的品种。习惯种植青帮油菜的地区可选用四月慢、五月慢、青岛青帮、杭州油冬儿等。习惯种白帮油菜的地区可选用南京矮脚黄、济南白帮、箭杆白等品种。可以采用直播或育苗移栽的方法种 植,但大多以育苗移栽为宜,有利于设施面积利用和提高油菜的质 量。可进行浸种催芽,用20~30℃温水浸泡2~3小时,沥干水后在15~20℃环境下催芽,经24小时可出齐。播种床每平方米施农家肥10千克左右、磷酸二氢钾50克,翻地整平、踩实畦面,灌足底水。每平方米撒播15~20克种子,然后覆土1厘米左右。每平方米苗可移栽45~50m² 菜地。在出苗前温度较高,可控制在20~25℃,出苗后白天为15~20℃,夜间为10℃。苗出齐后覆层细土,弥补土壤裂缝。间苗1~2次,使苗距达3.3厘米。苗期不旱不灌水。一般播种30~40天、苗达3~4片叶可进行定植。定植前7天可进行5℃左右的低温炼苗,以适应定植后的不良环境。定植畦要施足基肥，每亩增施20~30千克的磷酸二铵。按行距18~20厘米、株距10厘米栽苗,每亩栽3400~3700株。定植后灌小水。在缓苗前白天要保持在25℃左右,夜间为10℃。缓苗后降温,白天为20~25℃,夜间为5~10℃。当室温超过25℃时通风,室内低于20℃时要闭风。缓苗后开始追肥灌水,基肥足、土壤墒情好时可适当晚灌,在收获前的10~15天灌水、追肥1次,每亩追施硫酸铵15~20千克。一般定植后35~45天即可收获,可根据上市需要间拔收获,也可一次性采收。

为提高温室中土地利用率,油菜可与其他蔬菜如黄瓜、番茄等作物间、套种。于主栽作物的行间定植3~4行油菜。在管理上以主栽作物为主。早春油菜的定植宜尽早进行,缩短主副作物的共生期。此外,在温室的边脚、前屋面的低矮处,也可种植油菜,以便充分利用温室的面积,提高产量和产值。

(三)病虫害防治

常见病害有病毒病、霜霉病、白斑病、根肿病等。主要害虫有蚜虫、菜蛾、甘蓝夜蛾、黄条跳甲、菜粉蝶等。

二、绿菜花

(一)栽培特性

绿菜花也称西兰花,根系发达,营养茎短粗,腋芽较发达。绿菜花的生长发育过程可分为发芽期、幼苗期、莲座期、花球形成期及开花结籽期。

绿菜花是喜冷凉的蔬菜,生育适温为20~22℃。高于25℃或低于5℃生育不良,成株能耐短期寒霜。花球形成适温为15~18℃。

(二)保护地栽培要点

各种保护地都可进行绿菜花的栽培,各地可根据供应期、保护地性能及品种熟性确定适宜的保护地类型。栽培技术的要点如下:一是选用适宜品种。绿菜花品种有花蕾粗细之分,各地要依当地市场需要选用适宜的品种。保护地内多用中早熟品种,如中青1号、里绿、绿岭及B53等。二是绿菜花棚室内温度应按绿菜花对温度的要求进行调控。低温季节注意增温保温,同时还要防止25℃以上高温的出现。高温季节要在防雨降温性能好的棚下栽培,同时注意多喷水降温。需要时可到高海拔地区进行生产,以提高其品质和产量。三是保护地绿菜花栽培,尤其高温季节的保护地栽培,要定期仔细检查病虫害发生情况,早发现早防治。四是保护地绿菜花长成后,要及时采收。采收后随即用保鲜膜将菜花单球包好再装箱,以保持花球鲜嫩。

(三)栽培方式及技术

1.育苗

绿菜花育苗要在温室或阳畦等保护地中进行,用平畦或苗盘播种。其密度2~3平方厘米,盖土1厘米厚,最好覆盖地膜保湿,幼芽顶土时,去膜降湿。第一片至第二片真叶展开后,分苗到平畦或营养钵内,分苗密度8~10平方厘米。当苗展开4~5片真叶后定植。

2.整地做畦,垄施基肥

绿菜花栽培要在前茬作物收获后,清洁田园,深翻25厘米以上。结合翻地施有机肥5000~6000千克/亩。定植前10~15天,应耙平地面。平畦宽1.2~1.4米。

3.定植

绿菜花定植密度,早熟品种2500~3000株/亩,中熟品种2200株/亩,晚熟品种1700株/亩,每畦栽2行,株距分别为35厘米、45厘米及55厘米。多以挖穴定植或开沟栽苗。埋土宜稍深些。

4.田间管理

绿菜花定植时，要灌足定植水，2~3 天后及时中耕保墒，连续 2~3 次，深 3~5 厘米，中耕时适当培土，地膜覆盖的不中耕。绿菜花缓苗后，应增加灌水次数及灌水量。同时结合灌水，于莲座期及花球显出时，追施硫酸铵等化肥，每亩 15~20 千克。花球成熟前，将周围大叶束起或折盖花球，以免阳光直射，降低品质。绿菜花的花球长成有先后，故应选花球充分长大，表面圆整者，分期刀切采收，并带几片叶，以保护花球。

(四)病虫害防治

绿菜花的病虫害种类及防治方法，参照结球甘蓝病虫害防治。

三、生菜

别名叶用莴苣，属 1 年生草本植物。生菜营养价值较高。其中维生素 B1 和维生素 A 的含量是番茄的 2~6 倍，含钙是番茄的 10 倍。生菜中含莴苣素，味微苦，具有食疗和防癌作用。生菜叶片脆嫩爽口，甘甜略带苦味，是生食蔬菜的佳品，国外视为保健菜，食用非常广泛。生熟食味道俱佳。

(一)栽培特性

生菜的根系较发达，须根较多，再生力强，且分布浅层土中 15~20 厘米，耐移植，缓苗生长快。

生菜属 1 年生菊科蔬菜，喜冷凉、忌高温的气候条件，尤以结球类型较为严格。种子发芽最适温度为 15~20℃，经 3~4 天可发芽。发芽最低温为 4℃，但发芽慢，30℃以上发芽受到抑制。生长适温为 12~25℃。叶球肥大期白天适温为 20~22℃，夜间为 12~15℃。在较适宜的温度条件下，叶球包心紧，质量好，产量高。25℃以上包球松散，叶片稍薄，易腐烂，产量低。在光照充足条件下，叶片肥厚，叶球紧密；当光照不足时，则叶片薄，叶球松散，产量低。所以，北方地区春播露地栽培，温度适宜，光照充足，生菜生长良好，包心紧，产量高；冬季光照弱，且时间短，温度低，植株长势弱，包心散，单株产量低。

生菜需要较全面的养分，氮、磷、钾的比例为 1:1.5:1.8，并要配施多种微量元素。生菜在有机质丰富的沙壤土中生长较好，叶片鲜亮，植株健壮整齐，病害轻。在黏壤土、瘠薄土壤尤以缺磷、缺钾的过酸或过碱性的土壤中生长不好，常出现叶色暗绿，生长衰退的现象，缺钙也常引起干烧心、叶球腐烂。虽然北方的土壤是石灰质土，但往往由于偏施氮肥过多抑制钙的吸收，也易引起干烧心现象。

生菜生长迅速，食用叶片脆嫩多汁，生长期间需要充足的水分。虽然生菜根系较发达，但分布于浅层，所以在保水性差的地上生长慢，叶片多而小，菜味苦，品质下降。因此经常保持土壤湿润，有利于获得早熟、优质、高产。

(二)日光温室栽培技术

在日光温室栽培的生菜有秋冬茬，冬春茬和冬茬 3 种茬口，其栽培技术大体相同，主要是播种期和定植期以及收获期间的差别。其育苗、施肥、整地、定植、定植密度及田间管理技术，大体和秋、春季阳畦栽培技术相仿，但因其处在低温寡照季节，晴天温室光、温条件可以满足生菜的要求，如遇到连阴天或雪天，日光温室内也会出现低温危害，需要临时加盖双膜或短时加温等。日光温室栽培的生菜定植缓苗期主要是温度掌握在白天为 22~25℃，夜间为 15~20℃；缓苗后至包心前白天为 20~22℃，夜间为 12~16℃；开始包心到叶球形成期，夜温控制在 10~15℃；采收期白天为 10~15℃，夜间为 5~10℃。冬季严寒，日光温室阴天的温度管理，则有别于上面的方法。可以控制更低温度，坚持通风，降低空气相对湿度。昼夜温度要比常日天气低 2~3℃，减少植株呼吸消耗，防止霜霉病、白粉病等真菌病害。通过通风降湿气，减少棚膜水珠滴入生菜叶片、茎心，以免引起腐烂。同时加强药剂预防措施。

日光温室栽培生菜的季节是晚秋、冬季和早春，外界气温低，地温也低，生菜的灌水次数、灌水量要少，灌水要选晴朗天气进行，灌水后适当大通风，避免低温高湿而引起病害。一般结球期间在秋、冬季栽培的灌 1 次肥水，以后直至采收不再灌水追肥。但冬、春季栽培时气温、地温由低逐渐变高，日照加强，其水肥管理是：前期灌小水，控制灌水量，以中耕松土保墒为主，生长中后期则要增加 1~2 次水肥，以提高生菜产量。

（五）采收

结球生菜成熟期不很一致，可选择叶球比例大于外叶、裸露发亮、手感稍硬的采收。散叶生菜没有严格的成熟期，大小可随意收割，但以叶片重叠、形成半球形时采收可获高产。生菜的叶片嫩脆、多汁，易断折损。采收时应轻拿轻割，清除老叶及泥土，不可水洗。采后整齐码装箱内，或用 0.03~0.05 毫米厚的聚乙烯薄膜单个包装后装箱外运。塑料袋上打上若干小孔，以利透气。将产品箱放入冷库预冷，待运外销。

四、香椿

（一）栽培特性

香椿喜温，嫩芽、嫩叶和未充实的芽苞易受冻害。香椿树的抗寒能力随树龄增加而加强，1 年生苗的抗寒力最弱，在 -10℃条件下可受冻。成年树在 -20℃条件下越冬，但顶芽有时受冻，在 -27℃以下地上部会冻死。香椿种子发芽最低温是 8~10℃，最适温度为 20~25℃，生长适宜温度为 20~30℃，35℃以上生长受抑制，高于 40℃时生长停止，低于 10℃顶芽不饱满。香椿树喜阳光，不耐阴，在光照充足、温度适宜等栽培条件下树苗健壮，芽苞大，萌芽力强，色泽鲜艳，香味浓而甜，品质好，上市早。香椿每年秋末、冬初落叶，养分转移根系和茎条，冬眠预防冻害。香椿有强大根系，有很强的吸收力，对土壤适应性较强，较耐旱，高山和平原都能生长，但在土层深厚、湿润的沙壤土栽植较适宜。香椿虽然耐旱，但冬季和早春过于干旱、严寒，常会使枝条干枯，尤以幼年树为甚。水分对香椿影响很大，栽培香椿时灌溉地和干旱地块植株生长量相差 2~3 倍，土壤地下水位 2 米以上则生长势弱。幼龄树苗短期淹水则烂根死亡，成龄树较长期受淹也引起枯亡。

香椿对土质及土壤的酸碱度要求不严格，均能正常生长，但以土壤有机质含量丰富，磷素、钙素富有的石灰性土壤生长良好。

(二)栽培方式及技术

1.育苗方法

(1)插播法：香椿秋季落叶后或早春发芽前，在母树周围挖出 0.5~2 厘米粗的根条，剪成 15~20 厘米的根段，自近树干处较粗的一端剪成平口，小的一端剪成斜口，扦插于高燥、土质疏松肥沃、灌排水方便地块的苗床上。扦插时平口朝上，斜口朝下。扦插前斜口用 0.002%吲哚丁酸或 0.02%吲哚乙酸溶液浸 10 分钟，随浸随插。按行距 50 厘米左右开沟，沟宽、沟深各 15~20 厘米。先开的第一沟土放置一边，挖出深沟后插入根段，每根相距 10~15 厘米。挖出的第二沟土填沟过半。剩土部分放置上方。依次进行，插完后灌水，水渗落后把搁置的浮土推入沟内复平。早春、晚夏季节要覆地膜，2 月份早春则搭成小拱棚，保湿、增温，白天保持在 20~25℃，夜间为 10℃以上。扦插后 30 多天出芽苗，盖地膜并抠破孔，让芽出膜。当芽 5~6 厘米时选留一健壮芽，其余的芽抹除。当芽苗长至 10 多厘米时，气温已上升至 20℃以上，应撤除薄膜，防止热害。此时根系已增多，每亩施腐熟有机肥 1500 千克、加磷肥 50 千克、钾肥 20 千克，充分混合后开沟施入行间，并灌水。土壤适耕期时进行深中耕、蹲苗、保墒、促发根。根系发达和茎轩粗壮后可多次灌水、中耕、除草、保墒，并控制多灌水，防止过速伸长。雨季注意排水，防止涝害。

(2)播种育苗：北方地区采用早春大棚及春播露 地等定植后的育苗床，或在中小拱棚内播种。适当早播有利于培育长苗龄的壮苗。3 月中下旬播种，苗床选择避开瓜茬地。苗床的土质要疏松肥沃，整地前施入腐熟有机肥每亩施 1500~2000 千克，过磷酸钙 25~50 千克或土杂肥 1000~1500 千克，磷酸二铵 20~25 千克，钾肥 5~10 千克，并添加辛硫磷 2.5 千克。均匀撒施后翻地 2 遍，使粪土混合均匀，整平，作成 1.5~1.8 米宽的小畦，灌足底水，落干后覆上 0.5~1 厘米厚细土便播种。香椿种子千粒重约 8 克，每千克种子有 12 万 ~13 万粒，但种子生活力弱，一般发芽率在 60%左右，因此每亩播种量为 2~3 千克。播种前种子需经浸种催芽，浸种前把种子搓揉，去掉翅翼，风簸吹净。用 50~55℃温水浸泡，强力搅拌至水温降至常温后，再浸 4~6 小时，再用多菌灵 600 倍液浸 2 小时，清水冲洗沥干，用干净湿布包裹放入盆钵，加盖保湿，放置在 20~25℃的室内进行催芽。催芽过程中需每天淘洗，沥干，包裹再催芽，4~5 天齐芽即可播种。撒播，每 10 米^{2}的小畦播种 35~50 克。适当稀播有利于壮苗。播后覆盖约 1 厘米厚细土，并覆盖薄膜。提高棚内温度，白天保持在 30℃左右，夜间为 15℃左右，一般 8~9 天出苗，部分芽苗拱土时撤除薄膜。播种床育苗期间一般不再灌水，以覆土保墒为主，齐苗后可行间苗，保持幼苗有 1~1. 5 厘米的间距。从播后至分苗时有 60

多天,当幼苗长出5~6片叶,即可进行分苗。在此期内若因苗床干旱可适当洒水,促苗生长。

(3)分苗:选择通风向阳,地势高燥,肥沃的沙壤土,每亩施腐熟有机肥2500~3000千克,过磷酸钙40~50千克,钾肥15千克,或有机肥2000千克,磷酸二铵50千克,钾肥15千克。均匀撒施后,深翻地2遍,或旋耕1遍,作到粪土均匀,整平,作成宽15米,长7~8米灌排方便的低哇,或做成宽1米,长10~20米的高畦。干旱时洇水灌溉,雨季时自然排水。平畦椿苗的行距50~60厘米,株距18~20厘米;高峰定植两行,株距20厘米。两种方法每亩分苗数5800~6000株。

(4)分苗后的田间管理:分苗后及时灌水,开始缓苗生长再灌缓苗水,土壤干爽时进行深中耕,控水、蹲苗,此后多次灌水与浅锄地,除草保摘,控制过速伸长,促进横茎增粗。6月中旬和7月上旬各追尿素每亩15~20千克,雨季中不灌水施肥,并注意排水防涝。在苗高35~50厘米时,用0.03%~0.05%的15%多效唑溶液叶面喷洒,每隔15~20天喷1次,共喷3~4次,促使幼苗矮化粗壮,顶芽饱满;也可打顶促进侧芽萌发,再打侧枝顶芽,以促使次生侧芽萌发,增加侧枝数、降低生长高度。但一般侧芽多不及单顶芽饱满,质量稍差。进入8月中下旬控制氮肥,追施磷、钾肥,每亩各施磷肥、钾肥15~20千克,或追1次三元复合肥15~20千克,随水施用,注意保持土壤湿润,促进秋高气爽时的光合作用。此期间也可用0.5%的磷酸二氢钾溶液叶面喷雾多次,有利于养分积累增加。

2.香椿保护地栽培技术

(1)直播育苗:苗床选择、施肥、播种、分苗和假植等,与保护地育苗相同。一般播后10多天幼芽拱土,傍晚揭去膜,灌1次蒙头水,水干后进行中耕保墒。此后以多次中耕除草、保墒为主,促进根系、幼苗健壮。当幼苗出真叶后开始间苗，苗高9~10厘米，4~5片叶时定苗或补苗，定苗距离为15~20厘米或20~25厘米，每亩留苗13万~15万株。

（2）日光温室香椿定植与管理：定植香椿的温室，前作收完之后及时翻耕灭茬，进行土壤消毒，地面喷洒40%甲醛溶液1~2千克，或50%多菌灵可湿性粉剂2千克撒于地面。基肥提前堆沤腐熟，每亩施5000~10000千克，氮、磷、钾复合肥25千克，均匀撒施。施入药、肥后一并翻耕2遍，整平，并铺薄膜使之灭菌和肥料、土壤熟化。

①苗木准备：温室高密度栽培效益高，春节上市价格好，要求采用当年春播苗，特别是保护地播种的早壮苗。在10月中旬起苗，保全完整根系，抖净浮土，剔除病苗、弱苗，按高矮分级，密码在阴凉处的深畦内，并覆上细土护根，灌水保湿，自然凉冻落叶，形成饱满芽苞。休眠15~20天，寒流前需盖草帘防寒，在立冬后、小雪前定植。一般经过休眠的香椿芽产量高，质量好，春节也可采收上市。

②定植与田间管理：小雪前定植，在温室内南北开畦，畦宽1.5~1.8米，起埂作成低畦，耙平后从北端开始，沿东西开沟至全栋温室开一沟。首沟挖起的土，堆到北侧，沟的深浅应以坐根后覆土平面能保持畦的原样为准，沟的宽窄应以苗木须根成自然平放为好。苗木的主根、须根过长可以适当剪除。沟底清理后按沟的东西走向码苗木，一株挨一株的紧码，株间根系可以错开平放，每平方米码100~120株，各苗木的根颈持平。沿第一道线距40~56厘米处起土填入第一沟，把苗木根系盖好。开沟的深度和宽窄与前沟相同，码苗木等操作方法与前面相同。以后各行依次进行。栽苗密度每亩为5万~6万株，每亩温室用苗量相当于3335~6670米^2(5~10亩)露地育苗数。定植苗木以北高南低，依

序选排，最后形成北高南低的立体斜面。

定植后立即灌透水，并保持室内的温湿度。定植后 1 周，温室盖上草苫不揭开，保温、保湿，防止强光、干旱抽干枝条。温度保持白天为 20~25℃，夜间为 14~15℃。在芽苞萌发前的 15~20 天内要求土壤湿润，空气相对湿度 85%以上。如果土壤水分少，要灌小水，空气相对湿度低时需要喷水雾 1~2 次，并每亩喷洒 0.2%~0.3%尿素和磷酸二氢钾溶液 50~60 千克。芽苞萌发后适当降低棚温，白天保持在 15~25℃，夜间为 10~12℃，加大通风量，减少消耗，使之芽壮香味浓。芽苞萌动后，要降低空气相对湿度，保持在 60%~70%，以提高芽苗风味，防止过湿罹患病害。冬季的温度管理，主要通过光照提高室内温度。通过草帘的揭盖和放风调节，一般夜间能保持 10℃的温度或不低于 5℃即可。白天可减少进光，以提高椿芽的紫色和香味。

椿芽苞萌动 15 天后，便可以采芽。香椿嫩芽采收的方法是头茬等顶芽长至 10~15 厘米时整朵掰芽上市，促使下部侧芽快萌 发。可依次进行。但顶芽去势后多个侧芽萌发，只有上面的长势好壮且快。二茬芽则需要长至 20 厘米，需留基部 2~3 片复叶，才能摘(剪)顶芽。或在头茬收获时仅剪芽薹上的顶芽，令其萌发 2~3 片叶为辅养叶，以制造养分，供给芽和根系的营养，增加吸收功能，保持长势。一般每隔 7~10 天采摘 1 次，共采收 3~4 次。每平方米可采 2~3 千克。另一种采收方法是，在椿芽萌发长成 15~20 厘米时不摘顶芽，而是在芽梢掰摘，捆小把上市，仍保留紫红色的大小适中的叶片，小叶让其继续生长，疏漏的、超过采收标准的大叶留作辅养叶。这样依次向上生叶，陆续采收，每 3~4 天间采 1~2 片。此法采收，产量较高，商品质量稍低，但对食用价值影响不很大，总的经济效益较大。温室香椿高密度栽培，经多次采摘，树干养分消耗很多，截至 4 月初椿芽长势渐弱，停止生产。最后1次采收时老嫩芽叶一并采收齐，把苗木掘挖起移植露地，复植到原来的假植苗圃。苗地需要施基肥、整地等。每亩密植6000~12000株。移植的主要措施是，立即截干（在苗木高10~15厘米处剪掉上部）、平茬（其时间应根据当地气候，掌握平茬后应有3个多月的旺盛生长期）。在此期间注意隐芽萌发后，每株保留1枝条，选留2~3个侧枝，最后形成2~3个饱满的顶芽，并注意追肥、灌水、中耕除草。防治病虫害及矮化处理等措施与育苗技术相同。培育健壮苗，供年末再使用。

（3）塑料大棚香椿定植与田间管理：普通塑料大棚，又无草苫覆盖和加温设施时，不可以进行冬季栽培，但可进行春提前栽培，采收期比露地提早1个月以上，也能获得较高的经济效益。育苗方法依前面介绍进行。塑料大棚栽培要在严霜到来前开始整地施肥，采取土壤消毒措施，以及苗木起挖分级工作。栽植密度和温室矮化栽培密度相同。但一般塑料大棚是南北延长，因此以东西向做畦，南北开沟码苗，为方便，首沟苗应从东西两侧开始，南北走向码苗。首选矮苗开始定植，逐渐向中间依次进行，最后形成中间高、两侧矮的立体线面。移植沟内灌足水后便将大棚扣膜覆盖，2月上中旬气温回升，椿芽开始萌动，至3月中旬椿芽即可收获。萌动前后的棚内温湿度管理参考温室栽培，期间的采收方法及肥水管理也与温室栽培相同。大棚栽培的采收期可延续至4月下旬。之后将苗木起出，移栽到露地，待入冬前再将苗木定植入大棚内。

（三）病虫害防治

1.香椿根腐病

（1）该病属真菌性病害，危害症状：多在土壤存活越冬传染，播种育苗期多发病，病斑处皮层变茄褐色、黑褐色，流出汁水、腐烂。病株生长迟缓，落叶，甚至死亡。土壤排水不良，低洼、多湿，以及高温、多湿条件下易发生。

(2)防治方法

①农业防治:选择高燥地,无椿苗前作,控制灌水和过湿高温。

②药剂防治：可用50%多菌灵可湿性粉剂500倍液,或50%异菌脲可湿性粉剂1000倍液等喷洒,重点喷洒根颈部。

2.香椿干枯病

(1)该病为真菌性病,害危害症状:多发生在幼树树皮上,初期出现水渍状湿腐病斑,呈不规则形、棕褐色,后期病斑中部树皮裂开,溢出树胶,表皮出现密生黑点,以树阳面严重,逐渐使上部树梢枯死。

(2)防治方法

一是农业防治:培育壮苗,增施磷钾肥,防止日灼,冬春树干涂白。

二是药剂防治：发病初期用70%托布津可湿性粉剂2000倍液喷洒。涂抹1%硫酸铜溶液,或50%多菌灵可湿性粉剂500倍液等进行消毒。

3.香椿锈病

(1)该病属真菌病,害危害症状:主要危害叶片,初期出现黄色小点,后在叶背出现疮状突起,破裂散出黄色粉末。秋后病斑部生出黑色疣状突起,破裂后散出黑色粉末,严重时叶片变成黑色。

(2)药剂防治:用20%三唑酮乳油2000倍液,50%萎锈灵可湿性粉剂1000倍液喷洒,每15天喷1次,连续3次。

4.香椿白粉病

(1)该病属真菌性病害,危害症状:主要危害叶片和嫩枝,初期为不明显的褪绿病斑, 逐渐可在叶背和枝条表面形成白色粉末。嫩枝受害严重,枝条扭曲变形以至枯死。

(2)药剂防治:用20%三唑酮乳油1500倍液,或40%氟硅唑乳油900倍液,或60%防霉宝2号水溶性粉剂800倍液,其中之一喷雾。

5.紫纹羽病

(1)该病属真菌性病害,危害症状:病菌在土壤越冬,传播。主要危害根及根颈部,被害部失去光泽,变成黄褐色,最后变黑腐烂,皮层和木质层易 剥离。雨季菌丝可蔓延至地面或主干上6~7厘米。受害苗木生长衰弱,逐渐枯萎、死亡。

(2)防治方法

一是农业防治:选择高燥地栽培,雨季中注意排水或高畦栽培。

二是药剂防治:1%硫酸铜液或20%石灰水消毒;将栽培地病株的土壤扒开后剪除病根,浇灌20%石灰水,或20%硫酸亚铁液消毒,已死亡病株挖掉并清除销毁,并用1:8的石灰水或3%硫酸亚铁水液消毒树穴

6.香椿的虫害防治

香椿育苗期的虫害多为地下害虫。

蛴螬危害幼苗的根颈,致使死亡。蝼蛄主要为害播种苗床幼苗根部,幼苗凋枯死亡,将土层窜成许多隧道,使幼苗根部和土壤分离失水而枯死。药剂防治有播种整地前用80%敌百虫可湿性粉剂100~150克,兑土15~20千克配成毒土,撒人畦内;用50%辛硫磷乳油800倍液,喷洒地面后深翻入土加以预防;或每亩用5%辛硫磷颗粒剂1~1.5千克与细土15~30千克掺和,均匀撒入地面,随整地翻入土中预防;用豆饼或麦麸5千克炒香,再用90%敌百虫晶体可溶性粉剂150克兑水将毒饵拌潮,每亩用1.5~2.5千克,撒在地面或床面上诱杀。

香椿移栽后还有香椿毛虫、刺峨、云斑天牛、蛀斑螟和斑衣蜡蝉等为害香椿的叶片、枝条的皮层和木质部，还以口器刺入植株组织吸食汁液等，影响树木生长，甚至枯萎死亡等。这些害虫在幼虫期可用80%敌百虫晶体800倍液，成虫期可用40%乐果乳油1500倍液进行喷洒防治。也可分别用10%氯氟菊酯乳油5000倍液，或20%氰戊菊酯乳油3000倍液喷雾。

五、油麦菜

油麦菜为莴苣属类的叶用蔬菜，原产地不详，油麦菜欧美国家栽培较多，据传我国从东南亚引入，华南地区种植较广，又逐渐传入北京等地。油麦菜有如生菜内含莴苣素，叶片质地酷似生菜，脆嫩爽口，甘甜略带苦味，也具食疗和防癌作用。油麦菜叶片光滑，可生食，炒食和做汤，生食有清热解暑功能;炒食有糯米香味，尤适宜涮火锅，解油腻，浓郁清香，列为上品，油麦菜很受欢迎。

（一）栽培特性

油麦菜属菊科1年生植物，耐热、耐寒，适应性强，生长适温为10~20℃，8℃以下停止生长，幼苗可耐6~5℃低温，成株耐寒力弱。生长速度快，生长期30~50天，7~8片叶至40多片叶均可随意收获，一年四季可以栽培，保护地内适宜加茬赶茬，露地作物生长季内均可栽培，但以春、秋季栽培较佳，生长快，病害轻，品质好、产量高。适宜育苗移栽和直播密植分次收获栽培。油麦菜的根系较发达，但主根短，须根多分布在土壤浅层，根系耐移植，茎短缩，叶片为一个大叶脉呈龙骨状，叶缘披生至叶基部，速生叶片至叶尖成剑状叶，而且直立或半直立。各叶片紧密旋状排列着生在短缩茎上，40~50天的成长株叶片形成开心形的漏斗状，表明其形态特征栽培上适宜密植。成株中最大叶长约40厘米，宽5~6厘米，叶片绿白色，待第一片至第二片叶黄化外，所有叶片都可食用。

油麦菜需要较全面的土壤养分,氮、磷、钾的比例为1:0.5:1.8,以及配施多种微量元素(参照生菜)。凡施足腐熟农家肥栽培的均可获得优质高产。油麦菜在有机质丰富的沙壤土生长快,叶片嫩绿鲜亮,叶肉厚实,植株健壮,无病斑,产量高;在黏土、瘠薄土壤都能生长,但以施足基肥,适时追肥,氮、磷、钾配比合理,则生长较好,反之,土壤瘠薄干旱,植株生长慢,叶片尖细,纤维化,绿白色发暗,味苦。在水分充足、保持土壤湿润条件下生长快,叶片鲜嫩,味甘甜,脆爽,品质佳。

(二)油麦菜的优良品种

油麦菜市面销售的种子品种名目多，但归宗为一类的形态特征描述,如四季油麦菜,纯香油麦菜,美国香油麦菜等,栽培特性表现没有特异性。

(三)栽培方式及技术

油麦菜可四季播种,生产供应市场,主要是通过露地,中小拱棚,塑料大棚和日光温室菜的加茬、赶茬或全茬栽培方式来调整。北方地区的栽培方式和技术,如采用育苗移植的,可参照生菜的栽培方式和技术要点，但油麦菜形态特点及商品成熟多样性,即7~8片叶以上便可随意分次收获,完全区别于生菜栽培,油麦菜的特征是直立(未达成株20~30片叶前)和半直立(就是达成株以后),表明油麦菜完全适宜直播密植,分次收获,省工、省成本,提高经济效益,形成油麦菜以密直播,分期采收独特的栽培技术特点。加之油麦菜耐寒、耐热、适应广的特性又赋予多种栽培方式与生菜不同,生菜栽入各种大棚、改良阳畦则要等生菜达到商品标准才能收获,油麦菜则完全适于播后随意采收。与大棚、改良阳畦的主作物定植前赶一茬的油麦菜。

(四)春秋季塑料大棚栽培技术

(1)春季塑料大棚栽培:宜多施有机肥为主,畜禽粪肥和人粪尿、秸轩,草木灰混合堆沤的混合肥3000~5000千克,氮、磷、钾复合肥50千克或过磷酸钙50千克、硫酸镀铵20千克,氯化钾15千克,均匀撒施,翻耕2遍,整平做畦,浸种催芽。春季塑料大棚栽培2月下旬至3月上旬地气通,气温虽然遇寒流出现-3~-1℃的低温,但可以二层覆盖,温度提高2℃~3℃,油麦菜耐寒,可以直播。当油麦菜长7~9片叶时,小行距为10厘米的油麦菜将封垄,采取隔行间拔及留主行的棵间拔苗,行距变成20厘米,主行棵间10~15厘米,扩大营养面积,促使开盘圆棵,此前7~10天应灌1次化肥水,每亩追施10~15千克尿素,一是提高油麦菜的质量和产量,二是给间苗留下的油麦菜追了1次肥。油麦菜畦进行浅耕并薅草,行间棵间细致周到,便转入适当保墒控水蹲苗。光照充足,温度较适宜油麦菜生长,根系发展快,吸收力强,生长快,再追1次肥水。终了收获,一般每亩产2500~3000千克。

大棚栽培油麦菜,通风管理出苗前以闷棚升温提早出苗。出苗后大棚白天适当通风降温,日落前及时关棚保温,加速油麦菜生长;中后期,外界气温在10℃以上时大棚昼夜不关风口,白天气温为25℃左右,夜间为12~13℃则油麦菜健壮生长,防病可提高产量,间收8~10片叶油麦菜,其后施肥灌水,中耕薅草。

(2)秋季塑料大棚栽培:秋季大棚油麦菜比秋季中小拱棚栽培早播1个节气或1个月,因其无草苫覆盖,最终收获期是11月中下旬,其他整地、施肥、播种、间收前后等栽培技术参照春季塑料大棚栽培。

(五)日光温室栽培技术

日光温室生产油麦菜,一年四季都可以直播,但以秋冬、冬季、冬春季为主，夏季直播油麦菜，加茬赶茬直播油麦菜，通过遮阳网、减强光、降温等生产同样有较高的经济效益。日光温室播种油麦菜要适当控制播种量，干籽直播行距为10厘米，同行内条播，每10厘米有3~4棵苗，或更少为好，密度较稀，保持其直立种性，并可以适当早间收，防止由于密度过大徒长抽薹。夏播油麦菜施肥，灌水宜选用尿素速溶化肥以及氮、磷、钾作基肥，追肥早晚随水施入，不宜在中午高温时进行。日光温室栽培油麦菜操作方便，其整地、施肥、播种、管理采收等参照春季塑料大棚栽培技术。

（四）病虫害防治

油麦菜常见病害是霜霉病和白粉病，但生产所见不很普遍，主要是在过于密植，肥料不足的地块，防病技术参照生菜。

油麦菜虫害有蚜虫，为害不严重。

六、芥蓝

芥蓝属甘蓝类蔬菜。原产于我国南方，在广东、广西、福建等地广为分布，是著名的特产蔬菜之一。它以肥嫩的花薹和嫩叶供食用，质地细嫩，风味别致，深受消费者欢迎。芥蓝主根不发达，须根发达，茎直立、比较短缩。叶形有长卵形、卵圆形、椭圆形等，叶色绿或浓绿，多有蜡粉。初生花茎肉质、青绿色、有蜡粉，是供食用的菜薹，花茎上的叶片小而稀疏。主薹采收后，腋芽迅速生长成侧薹，可陆续多次采收。繁殖留种的植株在花茎向上生长的同时出现分枝，花序为总状花序，花冠白色或黄色，因品种而异，异花授粉，角果，种子近圆形、褐色或黑褐色，千粒重3.5~4克。芥蓝的生长发育全过程包括商品菜薹的生长时期和繁殖留种时期。大致可分为发芽期、幼苗期、叶簇生长期、菜薹形成期与开花结籽期。从主薹开始采收至侧薹采收结束，全部采收期在75天以上,其中主薹采收期 25 天左右。其余为侧薹形成及多次采收期。

芥蓝性喜温和冷凉的气候,生长适温为 15~25℃。炎热季节生育不良,品质粗劣。种子发芽适温为 25~30℃,20℃以下发芽缓慢。苗期适应范围广,以 20℃为宜,花芽分化的适宜温度为 15~20℃,温度过高或过低不仅影响幼苗的生长速度,还会影响花芽的正常分化。叶簇生长期以 20℃左右为宜,菜薹形成期以 15℃最适宜。但有些耐热品种,在高温下仍能正常生长。芥蓝生长期只要光照充足,植株生长健壮,菜薹质量好。菜薹形成期需湿润环境,要求土壤含水量在 70%~80%,空气相对湿度为 80%~90%。其生长期间忌高温干燥。芥蓝对土壤适应性较强,但以有机质含量高、地力肥沃、保水保肥的壤土或黏壤土为宜。它是喜肥的蔬菜,在种植期间增施以氮为主并适当增施磷、钾肥。菜薹形成期菜薹与叶片同时生长,是需要养分和水分最多的时期。

芥蓝有黄花芥蓝和白花芥蓝 2 种,以白花芥蓝栽培为主。按品种的熟性可分为 3 个类型:一是早熟类型。这类品种耐热性较强,能在较高温度条件下进行花芽分化和形成菜薹,侧芽萌发力强。适于夏、秋季栽培。从播种至始收为 45~60 天,延续采收 35~50 天。主要品种有细叶早芥蓝、皱叶早芥蓝、柳叶早芥蓝、香港白花等。适于春、夏季露地栽培。二是中熟类型。此类品种耐热性不如早芥蓝,耐寒性又不如晚芥蓝。植株基生叶稍密,侧芽萌发力中等,从播种至始收需 60~70 天,延续采收期 40~50 天。主要品种有荷塘芥蓝、登峰芥蓝、福建中花芥蓝等。这类品种适于露地栽培,也可用于保护地栽培。三是晚熟类型。此类品种冬性强,耐热性差,花芽分化对温度的要求比较严格,花芽分化和菜薹形成的适宜温度为 15~25℃。植株基生叶较密,叶片较大,花薹粗,侧芽萌发力较弱。播后至始收为70~90天,延续采收50~60天。主要品种有铜壳叶芥蓝、迟花芥蓝、皱叶迟芥蓝等。适于冬春保护地和露地栽培。

芥蓝可行直播或育苗,但以育苗移栽者较多。一般在4~10月份可于露地育苗,炎夏季节常用遮阳网育苗,11月份至翌年3月份需在保护地育苗。苗床应选在排水方便、肥沃的壤土,施足基肥,整好地后播种,每亩需用种500~750克,约可供6670米^2(10亩)大田的用苗。秧苗生长至5~6片叶时进行定植,育苗期30~40天。定植地区排灌水方便、富含有机质的田块,每亩施腐熟有机肥2000~3000千克,粪土掺匀后做畦。一般早熟种行距约30厘米,株距20~23厘米,每亩栽苗9000株左右;中熟种行距33厘米,株距23~25厘米,每667米^{2}栽苗8000株左右;晚熟种行距33~35厘米, 株距30~33厘米, 每亩栽苗6000株左右。定植至缓苗要及时灌水,在温度低的季节隔5~7天灌缓苗水,高温季节隔2~3天连续灌水。在植株现蕾前适当控制灌水,进入菜薹形成期和采收期,要增加灌水次数,经常保持湿润。在菜薹形成初期和主薹采收基本结束后各追肥1次, 随水追施化肥、腐熟人粪尿等速效性肥料。在缓苗水后要及时中耕松土,除净杂草。市场对芥蓝商品的要求是:品质脆嫩,色泽青绿,薹叶细小,节间长,菜薹粗细适中,横断面直径为1.2—1.8厘米,高度为20厘米左右。当主茎生长高度与外叶高度相平,出现大花蕾时采收。采收主薹时,要保留4~5片基生叶,以利于侧芽萌发。在主薹采收后20天左右,侧薹长至17~20厘米时可进行采收,收侧薹时要保留2~3片叶,以便形成第三次侧薹。每次采薹后要加强肥水管理,侧薹的产量和质量都可超过主薹。

在保护地中栽培要特别注意温度的管理。秧苗定植至缓苗期，白天保护地内温度保持在20~25℃，夜间为15~20℃。从缓苗后至现蕾期白天温度保持在18~22℃，夜间为12~18℃。从现蕾至采收期间，白天保持在15~20℃，夜间在10~15℃。同时，要尽量延长光照时间，经常除净棚膜上的灰尘，增加光照强度。在保持温度条件下，加强通风换气，降低湿度，防止病害发生。

芥蓝抗性强，病害较少。病虫害发生的种类同甘蓝类其他蔬菜。主要病虫害有黑腐病、霜霉病、细菌性黑斑病、黑斑病、菜粉蝶、菜蛾、蚜、黄条跳甲等。防治方法可参照甘蓝类蔬菜。

七、荷兰豆

（一）品种选择

荷兰豆实际是软荚豌豆，这几年市场看好，温室和大棚及改良拱棚栽培都取得了较好效益。品种以台中11号、晋软1号、四川食荚白花大豌豆、绿珠等为主。

（二）栽培技术

1.茬口安排

大棚3月上旬播种为春茬，延秋茬在9月上旬播种，改良拱棚一年四季均可播种，日光温室一般为三茬即12月播种的冬春茬、2月播的春夏茬和9月播种的秋冬茬。一茬约需60~80天，每茬能产嫩茬1000~1500kg，有一种叫极早熟的矮生荷兰豆，从种到开花仅用45天，每株仅结荚4~5个，每亩产嫩荚500kg，但因成熟早，又耐低温效益还不错。

2.播种技术

（1）选种催芽：荷兰豆用40%盐水选种，除去漂浮种和虫种后，浸种2小时，在温暖处催芽待刚露芽时置于0~2℃低温处理5天用于播种。

(2)播种:直播的按大行距约 70cm,小行距 50cm 开沟,沟底要平整,处理过的种子均匀溜在沟内,盖 3~5cm 厚的细土,覆土前可撒些根瘤苗。为了缩短日光温室占用时间也有农户采用育苗的方法,把处理过的种子按每穴 3 粒点种在营养纸筒或穴盘中(参阅第二讲第二节)。待长出 3~4 片中时定植。矮生种按穴距 10~12cm,蔓生种按 18~20cm 定苗。

3.管理技术

播前浇足底墒水,一般不在浇苗期水,出土前温度可提高到 20~25℃,出土后应降到 16~18℃,生长适温为 9~23℃,太高对开花不利。要经常划破地皮中耕浅锄,促根下扎。蔓生 30cm 时,插架夹苗,到 15~16 节时开始摘心促荚。当第一荚显现后开始浇水追肥,开花 7~10 天嫩荚脆皮时及时采收。每 10~15 天应浇水追肥。可追三元复合肥 7~10kg,后期注意多追肥磷肥。采收时应用剪刀剪荚,不至于伤害花荚,影响产量。

八、空心菜

空心菜学名叫蕹菜,由于它性寒味甘,有清热祛热,凉血利尿,解毒增食欲的作用,所以市场行情看好。又由于它生长耐热,适应性广,采摘方便,所以是设施栽培常用的接茬绿叶蔬菜。常用品种为泰国空心菜、吉安大叶、藤蕹、赣蕹一号等,它栽培室温为 25~30℃,35℃也能正常生长但不耐低温。在温室内一般要到 40℃才放风。按每亩用种 10kg 的量把种子浸泡 24 小时,然后置于 30℃的温度下催芽,种子露白后撒播于整理好的苗床,随即覆盖 1~2cm 的药土,再用微膜覆盖整个苗床。在 30~35℃的室温下,3~4 天出苗,揭膜后可用喷壶洒水,要保持湿润,间苗按 10cm^2 有 7~10 株苗掌握。待苗高 10cm,有 3~4 片叶时定植。定植前天浇一次透水,第二天按 8cm^2 切块,每块约有苗 3~4 株。

把畦整平后，按行距 27cm 穴距 20cm 把苗块定植并及时浇定苗水。3~5 天后浇缓苗水，然后适当控水，促根下扎。一旦缓苗，生长进入旺盛期就不得缺水，每 7 天可浇水一次，并结合浇水追肥 20kg 硫酸铵或粪水。苗高 33cm 时把 18~20cm 的嫩梢掐装成把上市。头 1~3 次下部留 2~3 片叶促发新梢，后面采收留 1~2 片叶，以后每长 15cm 新梢就采收一次。对下部过多的枝条要及时打去，防止枝多苗衰，每亩的温室，大棚和改良拱棚都可获得 5000kg 的产量。

九、黄秋葵

黄秋葵又名羊豆角，以食嫩荚为主，但叶、花、芽都可食用，嫩荚肉质柔嫩，有黏质，可炒、煮、渍。因含阿拉伯树胶糖浆体等成分，所以有健胃、清肠的功效，对有肝病、胃病、肠道病的患者有很好的食疗作用。所以现在是正从南往北快速发展的珍稀蔬菜。由于花色好，栽植它也是设施内的一道风景线。

现在市场上能购到的品种有台湾清福、日本五龙一号、新东京五号及南洋杂一代等。

大棚黄秋葵栽两茬，2 月在温室育苗，3 月中旬定植，5 月~7 月为采收期，这是春茬。秋茬 6 月露地育苗，7 月定植，9~11 月为采收期，黄秋葵在大棚也可作主栽作物的接茬品种。在改良拱棚内可以周年种植，但要尽量错开露地的采摘高峰期。日光温室栽培黄秋葵可以做到周年供应，但以秋冬茬为主。8 月中旬育苗，9 月中旬定植扣棚，11 月下旬开始采收，到元旦、春节上市，延续到 3 月拉秧。冬春茬的 11 月中旬育苗，12 月下旬定植，3 月至 6 月采收。

按亩购种 1.5~2kg 的量准备种子，在 55℃的烫水中烫种 30 分钟，并浸种 24 小时。捞出籽后在 28~30℃的条件下催芽 4~5

天，种子露白即可播种。有条件的尽量采用穴盘或营养纸袋育苗。每筒播2粒,播后覆土2cm。保持28~30℃的床温,4~5天幼苗即可出土。出土后降温至白天22~25℃,夜间13~15℃,真叶展开后每穴留苗1株,约25~30天,有3~4片真叶是即可定植。

按大行距70cm，小行距50cm整地作畦，按株距30~35cm打孔定植。定植后浇透水一次,覆盖地膜在小行距间形成暗沟,以后浇水,追肥均在暗沟中进行。

浇第一水要在大多数植株已采收第一嫩果时进行，之前从缓苗水开始适当蹲苗促根下扎。之后浇水以小水为主,要注意施放二氧化碳气肥。黄秋葵花期要掌握好,应在开花后4~7天,嫩葵长5~10cm时用剪刀剪收。采荚后,下部老枝叶应打掉,一是为了通风透光防倒伏，二是对防治病虫害有利。植株长到50~60cm时,进行摘心,促进上部侧枝结果。管理得当,每亩可产嫩荚5000kg以上。

十、芽菜栽培简介

(一)芽菜的概念及特点

1.什么是芽菜

用各类植物种子萌发一定长度的胚轴，嫩苗或嫩根供食用谓之芽菜。各种豆类如黄豆、绿豆、黑豆、豌豆、蚕豆等;各种谷类如小麦、大麦、荞麦等;各种蔬菜如萝卜、白菜、苜蓿、空心菜等;各种树籽如花椒、香椿等都可用来生产芽菜。

2.芽菜的特点

芽菜是新兴的高档菜品，由于所有作物最具生命力和活力的部位就在新生的芽上,所以是植物的精华所在。芽菜富含人体所需的各种营养物质如维生素、氨基酸及矿物质,更宝贵的是芽菜富含多种活性物质、蛋白质和纤维素。因此芽菜是营养丰富,具有食疗功能和色鲜味美的健康食品。特别是因栽培中不施入化肥,更无需喷打农药,所以是真正意义的无公害绿色食品。

(二)生产技术

芽菜生长周期很短,短的十来天,长也不过月余。芽菜生产占地面积少,可以立体种植,环境条件好控制。投资又少,资金周转又快,所以只要找好市场是效益很可观的设施栽培形式。北京的一所研究机构曾创造了在 200m² 温室中立体栽培豌豆苗创收达十万元的高产高效业绩。

1.栽培设施

(1)催芽室:根据栽培规模确定专门的用于催芽的小房间,房间应有控温设备,使温度能在 15~30℃之间调节。还要能满足湿度的调节,光照一般不太要求,但要能通风透气。

(2)栽培室:要求在日光温室中专门隔离几间用于栽培,也可在大棚中进行或找有光照的空房间中改建也可以。

(3)容器:塑料盘、穴盘、木板盒等均可用于生产芽菜。为方便管理,一般制成长 62cm、宽 24cm、高 6cm 的较为合适,但要求并不严格。

(4)基质:要求轻便、排水力强、洁净、无毒、便于处理的阔叶树锯末,珍珠岩,无纺布,新闻纸等,现在大多采用新闻纸。

(5)多层栽培架:用 3cm×3cm×4cm 的角铁焊成 150cm 长,宽60cm,每层 40~50cm 共 3~4 层的栽培架,也可利用温室后墙进行栽培。

2.栽培技术

按不同种子的要求进行烫种、浸种、催芽。对所有器具用 10PPM 的漂白粉进行消毒,栽培房可用石灰水消毒。催出芽后把籽播在新闻纸上,注意淋水保持湿度,温度控制在 20~25℃左右,待芽长成 8~10cm 时捆小把上市或连盘上市。豌豆苗可割苗上市,可产三茬,每公斤籽能产 1.5 公斤苗;香椿籽每粒约

0.011g，芽菜能长到 0.12g，实际每公斤籽可收芽菜 7kg；每公斤萝卜籽可产芽菜 8 公斤；每公斤苜蓿籽可产芽菜 10~15kg；每公斤荞麦籽可产芽菜 5 公斤。

第十节　温室食用菌栽培

利用地窖式温室栽培食用菌，可较大幅度地节省生产投资，节约能源，降低生产成本，便于进行，具有一定规模的集约式生产，并能获得较显著的经济效益。

一、苗床设施的设计

（一）高棚二层式

每个棚内起二层，每畦宽 1 米，地面为第一层，利用棚架支柱搭第二层，层距 60 厘米。两畦中间留宽 50 厘米，深 20 厘米人行道。棚中央高 2 米，两侧边缘高 1.2 米。棚顶搭威拱形，上盖塑料薄膜，膜上加盖草帘遮阴。棚长 60 米左右为宜，也可视场地而定，这样有利于调节棚内温度、湿度。棚两侧各挖一条排水沟。这种模式的特点是：土地利用率高，每亩（666.6 平方米）实际栽培面积在 700 平方米以上，进出料及管理操作方便，易排除棚内过多的湿气，便于通风降温，产量稳定、经济效益高，一般每平方米产食用菌 10 公斤以上，每亩纯收入过万元。

（二）高棚三畦单、双层混合式

每个棚内起三畦，中间畦宽 1.5 米，分搭两层，层距 60 厘米，畦两边各留宽 40 厘米，深 20 厘米人行道；人行道的外侧各起一畦，畦宽 1 米左右，单层。棚中央高 2 米，两侧边缘高 1.2 米为宜。棚顶搭成拱形，上盖塑料薄膜，膜上盖草帘。棚长 80 米为宜，也可视场地长度而定。棚外两边各挖一道宽 30 厘米、深 30

厘米排水沟。这种模式的特点是:单双层结合,便于管理操作,土地利用率较高,产量较稳定。

(三)高棚多层式

本模式可根据场地及生产规模之大小自行设计。棚内可设床架2排至3排,每排可搭3~4层,国外多为5~6层,要开设地窗以利通风。这种模式的特点是:建棚后可连续使用3~5年,并可进行2次发酵,是一种集约化生产的较好模式,但投资较高。

二、菌种分离培养

菌种是食用菌生产的根本,纯菌种性状的优劣直接影响产量的高低,故分离选育优良菌种是食用菌生产上重要一环。

(一)制作设备

1.接种箱(室)

接种箱是一个用木材和玻璃制成的小箱子,可以密闭,便于用药物熏蒸,并防止接种时杂菌感染。接种箱的前后,装有两扇能启闭的玻璃窗,下方开两只洞口,洞口装有布套,双手可深入箱内操作。箱内顶部装日光灯和紫外线灭菌灯。接种箱的大小以放120~150瓶为宜,过大操作不方便,过小则每次接种瓶数少,不经济。

接种室与接种箱一样,关闭要严密,以便接种前进行药物熏蒸。接种室应设在向阳、干燥处,体积以5~7立方米为宜。接种室的外面应设有一小间缓冲室,门不宜对开,最好装拉门。两室的地面和墙壁要光滑,以便消毒,都要装日光灯和紫外线灭菌灯。

2.孢子收集器

孢子收集器是用来采收菌类孢子的装置。包括直径20厘米的搪瓷盘、培养皿、有孔钟罩、三脚架、纱布等。

3.灭菌锅

灭菌锅是可以密闭的锅子，锅底（或夹层）盛水，加热后由于锅内（夹层）蒸汽增加而压力加大，温度升高，从而杀死锅内装物的杂菌菌体及孢子，达到灭菌目的。

灭菌锅有高压蒸汽灭菌锅和土蒸锅两种，高压蒸汽灭菌锅具有灭菌时间短，效果好和省燃料等优点，但投资较大。目前工厂生产的种类有手提式、直立式、卧式等，也有自制的。

自制的高压灭菌锅，锅身用8~10毫米的钢板制成，锅盖厚1~1.5厘米，凸起呈半圆形。锅上装有压力表和安全阀。锅的容量以装600~800瓶菌种为宜。

土蒸锅是在大铁锅上围一只圆形木桶，像个蒸笼。桶壁厚2.5~3厘米，内放数层钢架，用以放置消毒物品。用土蒸锅灭菌时，要注意防止漏气，影响灭菌效果。

4.培养室

培养室内有装有架子，用来放置菌种，为了保持室内一定的温度，要用电炉或电热丝加温。在缺乏电源的地方，可用煤或柴作热源，从火道通入室内加温。有条件的可装空气调节器和排气设备，自动控制温度。

5.干湿球温度计

干湿球温度计又称温湿度计，用来观察温度、湿度。类型有多种，用时可参看产品使用说明。

6.菌种瓶

菌种瓶最好是无色透明的，便于检查瓶内菌丝生长情况及有无杂菌感染。瓶子容量以750毫升左右为好。口径约3厘米，过大杂菌孢子容易进入，保湿困难，过小则装料困难，取料不便。

7.消毒药品

甲醛（HCHO）又称福尔马林，能使蛋白质变性。

石碳酸(C_6H_5OH)5%浓度喷雾后,能使蛋白质变性沉淀。

高锰酸钾($KMNO_4$)氧化剂,0.1%浓度能使蛋白质与氨基酸氧化,失去酶的活性,用于消毒,能抑制或杀死杀菌。

乙醇(CH_2CH_2OH)又称酒精,消毒以75%浓度的效果好。酒精能使蛋白质脱水变性。但高浓度的酒精会使蛋白质很快脱水凝固,消毒作用反而减弱。75%酒精配置方法是取95%酒精75毫升,沿壁加入到20毫升中,摇匀即可。

新洁尔灭,原液浓度5%,使用时稀释至0.25%,用于皮肤消毒和棚屋。

升汞(HgCL3)能使蛋白质变性,抑制酶类。0.1%升汞配制方法是称取升汞1克,用少许酒精溶解,再加水至1000毫升即成。其他物品有接种针、镊子、试管、量杯、漏斗、三角烧瓶、酒精灯等。

(二)纯菌种分离

1.培养基及其配制

培养基是人工合成的基质,能供应菌类生长所需要的水分和养分。培养基的种类很多,生产商常用的是马铃薯、葡萄糖、琼脂培养基(以下简称PDA培养基),一般食用菌在这种培养基上均能生长。

培养基的配方:马铃薯(去皮)200克,琼脂18~20克,
葡萄糖20克,水1000毫升,调PH为6.8—7。

培养基的制备:先将马铃薯去皮,切成薄片冲洗,取200克加水1000毫升煮到薯块酥而不烂为止。然后用八层湿润纱布过滤,去滤液,在滤液中加琼脂18~20克,煮到琼脂溶化,用上述纱布过滤,滤液不足1000毫升的需加水补足,加葡萄糖20克,搅拌溶化,趁热装管灭菌,高压蒸汽灭菌$1kg/cm^2$,温度120℃,时间30分钟。搁成斜面备用。

2.分离方法

菌类的分离方法，一般有孢子分离、组织分离和耳木(菇木)分离三种。

孢子分离法:这种方法是利用菌类产生的孢子，在适宜的培养基上萌发，长成菌丝获得纯菌种。

组织分离法:包括子实体分离(菇类)、菌核分离、(茯苓、猪苓、雷丸)和菌索分离(蜜环菌、假蜜环菌)。

耳木分离法:是利用耳木(菇木)中的菌丝，直接培养出纯菌种的一种方法。

3.菌种培养

食用菌的种类很多，生活习性不同，要求的培养基质温度条件也不一样，应因菌种不同而定。

三、沼渣栽培蘑菇

根据新农村建设的需要，现推荐几种农村常见的新能源栽植法。栽培食用菌与栽培其他植物一样，必须满足其生长发育所需要的水分、温度、空气、PH 和营养等条件，菌丝才能生长旺盛，子实体形成才能朵儿丰满。但是它与绿色植物有着本质的区别。食用菌没有叶绿素，不能进行光合作用，不能用 CO_2 合成有机物供自己利用。因此，其营养全部依靠从培养基中吸收，培养料质地的好坏，直接影响着食用菌生长的好坏，食用菌在营养生长阶段，菌丝对光的反应不敏感，在有光或无光条件下，同样能很好生长。这一特性，为我们密集型培养提供了可能;食用菌营养生长与生殖生长，对温度的要求很不相同，菌丝生长的合适温度明显高于子实体形成生长的温度，一般要高 7℃左右。如蘑菇菌丝生长的合适温度为 20~25℃，子实体形成生长的合适温度 15~17℃;食用菌子实体的形成生长，需要一定的理化因子的刺激或生物因子的诱导，没有一定的刺激或诱导，就不能形成子实体。如蘑菇子实体的形成,需要微生物的诱导,覆土层中微生物的代谢活动,是诱导子实体形成不可缺少的条件;香菇子实体形成,需要温差刺激;草菇,黑木耳等子实体形成,需要可见光的刺激。

沼渣是沼气池的残余物,含有机质30%~50%,腐殖酸10%~20%,粗蛋白5%~9%,全氮0.8%~1.5%,全磷0.4%~0.6%,全钾0.6%~1.2%。养分全面,可用于栽培蘑菇。用沼渣栽培蘑菇不同于常规堆肥,从培养料堆制到菇房管理都有自身特点,采用这项栽培技术时应特别予以注意。

(一)培养料配方

每100平方米用沼渣1000公斤,稻草或麦草1500公斤,棉饼或菜饼15公斤,石膏60公斤,石灰25公斤,碳酸氢铵50公斤,尿素5公斤,过磷酸钙50公斤。也可参用以下配方:沼渣(折干料计)37%,稻草50%,石膏粉1%,过磷酸钙1%,石灰粉1%,新鲜猪粪(折干料计)10%,沼液14%~16%(供拌料代水用)。或用沼渣1600公斤,稻草435公斤,麦草170公斤,紫云英170公斤,菜饼50公斤,复合肥25公斤,尿素6公斤。若用纯沼渣作栽培原料,也要加入1/8~1/10的稻草,以改变黏结度,使培养料疏松,具有一定弹性,上床后,也不能拍得太紧。

(二)堆制发酵

建堆前,先将稻草(或麦草)铡碎,在沼气池内浸透,或用沼液进行予湿。沼渣以进池经过3个月发酵产气的残渣为好,堆制前,需晒干或晾至半干。因沼渣腐熟程度不一样,下层比上层腐熟要快,在堆制时,将上层废渣放在料堆中部或下部,下部沼渣放在料堆上部和外面,可使堆肥腐熟均匀。建堆时,稻草与沼渣要分层堆放,并用沼液淋透,含水量应稍偏低,按常规翻堆,但较常规要减少一次翻堆。腐熟沼渣堆肥质地松软,保湿性好,呈棕黑色。

(三)菇房管理

由于沼渣成分不稳定,随发酵底物、发酵条件和发酵产气时间而有变化,上床后,若发现菌丝长势纤弱,应及时用葡萄糖、磷酸二氢钾、硫酸镁、蛋白胨和维生素 B 施肥。定植之后,在正常情况下沼渣培养料发菌较快,做好采用一次覆土法,用等量炭灰和沃土(忌用表层土)拌匀,消毒调湿后上床,用肥沃塘泥也可以。沼渣栽培蘑菇,与粪草堆肥产量相近,但具有出菇快、现蕾多、转潮快,但后劲较差的特点。子实体较肥大,耐湿,不易开伞,经济性状好。

四、沼渣栽培草菇

选新鲜、干燥稻草,铡成 10~15 厘米长备用;沼渣必须用产气完毕充分腐熟的,出池后堆放在地势较高地方,用薄膜覆盖,池底沼渣不能用。栽培时,取含水量为 70%~85%的沼渣 6 份,与稻草屑 4 份充分混合。然后在室内上床播种。床面先用 10%石灰水消毒,将混合料平铺在床面上,厚 15 厘米,薄撒一层菌种,上面再铺一层 5~7 厘米厚混合料, 撒播二层菌种, 表面再盖 5 厘米厚混合料,稍加拍实,呈圆拱形,四边用木板拍实,盖薄膜保湿。菇床宽 1~1.2 米,长 10 米,床间距 50~60 厘米,生长管理如常规。

五、整玉米芯袋栽木耳

玉米芯的营养丰富,含糖量较高,为多孔性疏松结构,易滋生杂菌。最好选用当年新鲜干燥无霉变的玉米芯,然后用 1%过磷酸钙和 0.5%硫酸镁溶液浸泡 24 小时,捞出沥去多余水分,使含水量达 65%左右备用。另外准备装袋时的填充料,其配方为:玉米芯碎屑或木屑 78%,麦麸 20%,糖 1%,石膏粉 1%,含水量

60%，用规格为17厘米×33厘米×0.05厘米聚乙烯塑料袋装料，每袋约装整玉米芯8~12个，用填充料填满空隙和袋底、袋面，按常规灭菌、接种。接种量为5%，接种后，在袋口夹一团经消毒处理的棉塞，再扎袋口，有利通气。

接种后，置培养室床架口，在24~27℃，相对湿度50%~60%下发菌，室内光线要暗，空气要新鲜，一个月左右，菌丝在袋内长满。此时应尽快增加室内光照或搬到室外树荫下，经过诱导和变温刺激，促进耳芽形成。

出耳场选在空气流通，易于保湿，光照充足但有荫蔽的地方，在地面挖浅坑，或吊挂在树荫下。一般经变温，曝光处理3天，耳芽出现。用3%来苏尔液或0.2%托布津清洗袋壁，用消毒刀片在袋壁开“V”形小孔，孔距9厘米，行距9厘米，呈“品”字形分布。然后用“S”型铁丝将开孔后耳袋挂在场耳的耳架上，耳袋间相距15厘米左右。按常规管理，开孔后12~16天即可采收，再经10天可收第二批，能连采3~5批。每100公斤整玉米芯可产干耳7.5公斤。

六、整玉米芯墙栽草菇

将整玉米芯放在1%石灰水中浸泡24小时捞起，沥干多余水分，使含水量达65%~70%。另用木屑、碎秸秆加少量麦麸、尿素作填充料，用水拌和，含水量为65%。在地面用土堆土埂，宽50厘米，高15~20厘米，将整玉米芯一次摊放在土埂上，使顶芯向内，用两个相对排放，堆成厚40厘米的菌墙，堆完第一层后，撒播菌种，再放第二层，每层之间的空隙用填料填满，菌墙外侧面要平整。每隔20厘米左右，在玉米芯上铺一条宽40厘米薄膜，以后再按前法堆玉米芯做菌墙，高1.2~1.5米。堆完后用薄膜覆盖，6~7天开始出菇，按常法进行管理。

七、整玉米秆栽培平菇

取新鲜无霉变玉米秆，用石碾压破，切成 40~60 厘米长，放入 0.5%高锰酸钾液或 4%石灰水浸泡 24 小时，吸足水分并杀灭杂菌。若用浓石灰水浸泡，捞起后应用清水淋洗，再摊放到干净地面，晾干多余水分，使含水量达 65%。将适量大小之薄膜平摊于地面，将玉米秆整齐，放在薄膜上，然后撒入菌种，使其夹在玉米秆中，用线绳捆成束，玉米束直径约 10~15 厘米，再用薄膜包好，堆放在室内发菌，控制室温在 24~25℃，料温不超过 30℃，相对湿度 80%~90%，经 30 天左右，菌丝长透，有原基出现，解开薄膜，将玉米秆束竖立在地面进行出菇管理，按常规进行处理。

八、玉米秆栽培竹荪

用玉米秆栽培竹荪，100 公斤秆可铺 8 平方米畦床，3 个月可采干竹荪 2 公斤。

将新鲜、无霉变玉米秆碾碎，铡成 10 厘米长，取玉米秆 50 公斤，加入竹片 15 公斤，杂木屑 10 公斤（或稻草 5 公斤，黄豆秆 10 公斤），混匀，加入 5%石灰水中，3 天，捞起后，拌入磷肥 2.5 公斤，米糠 2.5 公斤，堆积成圆锥形，盖薄膜发酵 5~7 天。用阳畦进行栽培，在选好场地上深挖 10 厘米，晒或冻 7 天，再做畦床，窗框 1~1.2 米，沟宽 40 厘米，长度视场地而定。畦土不要过细，畦面呈龟背形。场地四周开水沟，略深于畦沟。播种前，在畦床灌足底水，然后将粗料铺底，细料填空，整平料面，撒播菌种，每平方米用种 3~5 瓶，上面加盖细料及竹叶、树叶，以盖设菌种为度，料厚 10 厘米，最后加盖薄膜。播种后 15~20 天，菌丝长满进行覆土，厚 2 厘米。覆土材料要求富含腐殖质，成团粒状结构的砂性砂壤土。畦面保持湿润，温度超过 30℃，掀膜降温。播种后 60 天，菌床出现竹荪原基，应加大湿度达 85%~90%。再过 15~20

天,原基长成蛋状菌蕾,再加大湿度达95%,以利菌蛋成熟,菌柄伸长和菌裙展开。

九、玉米芯培养料处理方法

玉米芯是一项重要的食用菌栽培原料,含粗纤维28.2%,无氮浸出物58.4%,粗蛋白2%,粗脂肪0.7%,矿质元素6%。在使用前,应先经粉碎,并根据栽培的需要进行必要的处理,常用处理方法有以下几种。

(一)石灰水浸泡法

用砖砌大水槽,每100公斤水内加石灰2~3公斤,将粉碎后玉米芯在池内浸泡24小时后捞出,用清水冲洗,使玉米芯PH值降到8~8.5,然后摊放地面晾干多余水分,使含水量达60%~65%。使用时,按每100公斤干料中,加过磷酸钙1公斤,尿素0.2公斤,石膏1公斤,多菌灵0.1~0.2公斤。

(二)堆制发酵法

每100公斤粉碎后玉米芯加过磷酸钙1公斤,石膏1公斤,尿素0.2公斤,石灰2公斤,多菌灵0.1~0.2公斤,加1.5倍清水,将料水拌匀后,堆成圆堆,用薄膜覆盖。3~5天,待料温上升至65~70℃,翻一次堆,以后每隔2~3天翻堆一次,经10~15天,料呈咖啡色即可散堆使用。

(三)开水浸泡法

将粉碎好玉米芯放入沸水中浸泡或煮15~20分钟,盖严闷4~6小时捞出,放入筐内控水,使含水量达60%。

(四)大锅蒸法

将粉碎好玉米芯在清水中浸泡2小时捞出控水后,放入木甑内,边加热边上料,待上大汽后,再装一层料,直到将木甑装满,高约1米时,上面覆盖麻袋等物,用大火蒸2~3小时,在使用时,按每100公斤干料重,另加过磷酸钙1公斤,石膏粉1公斤,尿素 0.2 公斤,石灰 2 公斤,拌匀使用。开水浸泡亦可按上述比例加入辅料。

十、白灵菇栽培

(一)特性

白灵菇又叫白阿魏蘑,隶属于真菌门、担子菌亚门、层菌纲、伞菌目、侧耳科、侧耳属。属珍稀天然保健食品,富含蛋白质和17 种氨基酸,风味特殊,品质极好,适于加工。子实体发育室温为 10~15℃,生长温度在 18~25℃,湿度要求在 60%~80%。子实体白色,色泽艳丽,肉质厚,最大可达 20cm,单片重 2000g,货架时间长,耐运输。

(二)栽培技术

菌种分离参考前面的介绍,栽培原料主要以棉籽壳来讲述。但现在有许多农户已广开原料的来源,如玉米芯、玉米秸秆、花生壳、粉碎的核桃皮、葵花盘、红薯蔓、瓜子壳、酒糟等,经一定处理后可作为培养料。无论选择那样主料或辅料都要因地制宜,把好质量关。

1.配料和发酵

主料约占 70%,可以是前面提到的各种原料,还可以是阔叶树锯末、麦秸、稻秸等,在加 20%的辅料如麸皮或米糠,再加5%的玉米面或饼粉,再加精料各 1%,如蔗糖、石膏粉、碳酸钙、过磷酸钙等。把这些料和匀,拌水至 60%~70%左右,再把 PH 值调成 6~7,然后堆放发酵,中心温度达 60~70℃时翻料并拌石灰水,最后调成手握成团又挤不出水分状准备装袋。

2.袋灭菌

用 0.05 毫米厚,长 32cm,直径 15~17cm 的聚丙烯袋料,要压得不紧不松,中间用直径 2cm 的棍扎洞并扎紧袋口。把袋放入蒸锅中加热到 100℃时,灭菌 10 小时,当温降到常温时可以接种。

3.接种

将灭菌的栽培袋放入接种箱或无菌室内，用甲醛或高锰酸钾消毒灭菌1.5~2小时，然后把菌种外壁和双手用75%酒精棉球消毒。点燃酒精灯，打开菌种瓶，用火焰灭菌的镊子剔除菌种表面的老化菌丝，将菌种夹碎成花生米粒大，然后打开栽培袋把菌种均匀接入袋中。

4.菌丝体生长期管理

(1)温室内消毒：按每平方米空间用甲醛10毫升或高锰酸钾5g的量提前三天把温室消毒，也可用5%的石碳酸溶液喷于温室和栽培床，喷后密闭24小时，然后通风换气2天。

(2)码堆：把接种后的栽培袋堆放在地面上或栽培床架上，可堆5~6层，排与排之间要留80cm的走道。

(3)温光气管理：料温不要高于25℃，室温在20℃即可，湿度保持60%左右，并注意适当通风，每天1~2次通风，每次30~60分钟，开始通风量要小，以后逐渐加大。光线要暗。每10天应翻堆一次，交换位置并检查杂菌。

5.子实体阶段管理

管理得当，30天菌丝布满栽培袋，这时要打开袋口用镊子轻轻破料叫催菇。并把温度适当降低控制通风使室内二氧化碳浓度适当积聚，有利出菇。当菇长到8~10cm时可及时采收。采后用白纸包装，放入纸袋中运到市场。

十一、蔬菜—食用菌日光温室套种栽培增收技术

日光温室是在有限的土地上打破季节的限制实现全年候的生产，为不同的栽培模式提供了广阔的空间，具有很大的增产增收潜力。蔬菜—食用菌套种间作就是一种紧凑高产型的栽培模式。首先用黄瓜和平菇套种，然后间作黑木耳再间作草菇。因为

黄瓜和平菇共生期需求温度基本相同，黄瓜光合作用放出氧气有利于平菇子实体生长发育，平菇放出 CO_2 又有利于黄瓜光合作用。同时，平菇、黑木耳下脚料是生产草菇的优质原料，草菇生产结束后的下脚料还是优质有机肥，能提高土壤肥力、增强土壤通透性，具有调节土壤酸碱度的作用。

（一）茬口安排

（1）黄瓜于 10 月下旬至 11 月中旬定植。

（2）12 月中旬至 1 月中旬，在黄瓜大小行间内摆置平菇菌床或菌袋。

（3）次年 5 月下旬至 6 月上旬，黄瓜拉秧平菇生产结束后进行吊袋栽培黑木耳。

（4）次年 7 月上旬黑木耳收获后，种植草菇，1 个月 1 茬，可连续种植 2~3 茬。

（二）主要技术措施

1.黄瓜种植措施

（1）整地：每亩施入优质有机肥 5000~10000 公斤，饼肥 600~800 公斤，深翻土地 33cm 以上，将肥料均匀施入，土肥充分混匀后耙平，同时对温室空间及土壤进行消毒处理。

（2）育苗：全部使用嫁接苗，育苗时间一般在 9 月 20 日至 10 月 25 日，黄瓜播后 10~12 天，第一片真叶展开，南瓜播后 5~7 天，子叶完全展开，第一片真叶初露，为嫁接适期。嫁接后前三天气温保持在 17~30℃，土温 25℃左右，相对湿度 95%左右，中午前后避免阳光直射。之后逐渐降低温度，增加光照。8 天以后转入正常管理，10~12 天后断根并取掉嫁接夹。出苗前进行大温差炼苗，昼夜温度控制在 8~26℃。

（3）适时定植及管理：待嫁接苗长到 10~13cm 高，3~4 片叶，30~40 天苗令时及时定植，密度 80cm × 50cm × 30cm，定植后浇足定植水,直至根瓜坐住前,不缺水时不浇水,切忌大水漫灌。结瓜期适时浇水、追肥、绑蔓、掐顶、摘瓜。

(4)采收及病虫害防治:掌握“根瓜早摘,腰瓜巧摘,弱株早摘,旺株晚摘,摘后补水补肥”的原则。在黄瓜和平菇共生期间,进行病虫害防治时,最好使用烟雾剂。必须进行药液喷洒时要尽量避免洒在平菇菌袋上,以免污染平菇,影响产量和质量。

2.平菇栽培措施

平菇生长发育适宜温度范围为25~30℃,子实体发育温度3~18℃,具有耐低温不耐高温的性质。

(1)茬口安排:根据市场需求一般可在11~12月中旬配料装袋,接种育发菌丝,元旦春节期间上市。

(2)选料与配料:选用优质培养料棉籽壳(或玉米芯、花生皮),棉籽壳(100%)+麸皮(15%)+石灰(1~1.5%)+过磷酸钙(1%)+多菌灵(0.1%),水适量。

(3)装袋及培养菌丝体:选用直径25cm,长30cm的塑料袋进行装料,采用层播法下种,育发菌丝,温度为25~30℃,湿度60%,经过30~40天发菌后,置于黄瓜大小行间出菇,摆置方法为:大行摆方,小行摆袋。

(4)管理:平菇管理以控温保湿为主,温差越大,子实体发育越快,白天温度控制在25~30℃,夜间控制在12~14℃,出菇期间平菇需水量大,可用喷雾器伸入菌袋加水,以减少喷水对棚内湿度的影响,减少黄瓜病害的发生。

(5)采收:平菇出菇时间一般为7~10天1茬,此期应根据情况,加强通风和增大喷水量,但要防止菌袋积水,两茬菇采后,将下脚料收集在一起,紧接放置新的平菇袋,到4月底平菇生产结束。生产用完的下脚料作为夏季栽培草菇的原料。

3.黑木耳栽培措施

（1）选料与配料：棉籽壳、玉米芯或木屑均可作为栽培料。配制比例和方法：棉籽壳（90%）+玉米面（8%）+石膏（1%）+蔗糖（1%）。先将蔗糖和石膏溶于部分水中，用1:1800倍高锰酸钾溶液相混合，干湿度以手握成团为宜，PH值调至6左右即可。

（2）装袋灭菌：选用40cm×12cm塑料袋，将拌好的用料装到袋的2/3，系好袋口灭菌。

（3）接种与培菌：把灭菌袋取出，放在培养室内，把菌种植入袋内，之后培养菌丝，培养菌丝注意变温管理，接种后10天内温度控制在25~27℃，10天后降到24℃，当菌丝长满袋时温度降至18~20℃，一般30~40天后可在温室内吊袋。

（4）温室育耳：在5月底，黄瓜拉秧后，用草苫遮阴，把长满菌丝的栽培袋用绳子吊挂在棚架上即可。

（5）出耳期管理：当料袋有耳芽出现时，及时用福尔马林溶液擦洗，均匀打开口让其出耳，此时湿度90%以上，温度22℃，不得超过24℃。

（6）采耳期的管理：当耳片展开，下耳根伸长，有大量孢子粉散落时即为耳成熟，方可采摘，采前停止喷水，采大留小不留耳根，1袋可采3~4茬，10~15天采1次，在7月上旬采摘结束。

4.草菇栽培措施

（1）整地：黑木耳采摘结束后，及时在棚内作畦，畦宽度60~100cm，深度20~25cm，长度一般10m为宜，东西开畦，以便散射光照射均匀，温湿度一致，出菇均匀。

（2）铺料：把平菇，黑木耳下脚料（或麦秸）掺入适量优质厩肥，加适量水，调整好酸碱度（PH值为8—9之间），均匀铺入畦内压实。

（3）播种：把优质草菇菌种穴播或层播在栽培料内，播种量为干料重的 8%~15%。

(4)管理：播种后，在菌畦上方盖一层保湿物，播后三天，保持料温 50~60℃，外表温度 35~40℃，5~6 天后出菇时温度应保持在 30~40℃，湿度不低于 90%。

(5)采收：草菇生长很快，从现蕾到成熟 5~7 天，采菇应勤采，待菌膜未破时采，采后应及时销售或热水杀青盐渍待售，草菇采收期一般 30 天左右，每百斤原料可采鲜菇 25~30 公斤。可以在日光温室内进行连续多茬种植。

十二、病虫害防治

(一)真菌性病害

1.褐腐病

又称白腐病、疣孢霉病、水泡病等，主要危害蘑菇、草菇。

病症：疣孢霉的分生孢子和厚垣孢子只感染蘑菇子实体，不感染菌丝体。蘑菇子实体受到轻度感染时，菌柄肿大成泡状；严重感染时，子实体分化受阻，形成畸形菇。蘑菇的发育阶段不同，病症也不同。子实体分化时被感染，会形成如硬皮马勃状的不规则组织块，上面覆盖一层白色绒毛状菌丝，这种菌丝逐渐变为暗褐色，常从患病组织中渗出暗黑色液滴；如果在蘑菇菌柄和菌盖分化后感染病，菌柄就会变为褐色；在蘑菇子实体发育末期，菌柄的基部被感染时，会产生淡褐色病斑，而看不到明显的病原菌生长物。当带病菌柄残留在菇床上时，会长出一团白色的菌丝，最后变成暗褐色。

防治措施：

(1)如覆土被疣孢霉污染，可采用巴斯德灭菌法(60~62℃)处理 1 小时，或用 4%的甲醛消毒。也可在覆土中喷用 1:500 倍多菌灵或托布津，以杀灭病菌孢子。

(2)开始发病时，应及时停止喷水，加大菇房通风，降低菇房内的空气相对湿度,将温度降至15℃以下,病区喷用1:500倍多菌灵或托布津,也可喷用1%~2%的甲醛溶液灭菌。

(3)发病严重时,需拿掉原有的覆土,更换新土。将病菇烧毁,所有工具用4%的甲醛溶液消毒。

2.褐斑病

又称干泡病、轮枝霉病。主要危害蘑菇。

病症:蘑菇从感染病到出现褐色病斑约需14天左右,开始先在菌盖上产生许多不规则针头状褐色斑点,以后斑点逐渐扩大,并产生凹陷,凹陷部分成灰白色,充满轮生枝霉的分生孢子。一般认为蘑菇菌丝能刺激轮枝霉孢子萌发,虽然蘑菇的营养菌丝不会被感染,但病菌能够沿着菌丝索生长。蘑菇所有生育阶段对轮枝霉的感染都很敏感。蘑菇菌柄和菌盖分化之前感染此病时,即形成一团常呈灰白色的组织块,和疣孢霉所引起的硬皮马勃状团块相似,但颜色不那么白,块体较小,质地比较干。后期感染菌柄,使菌柄基部加粗变褐,外层组织剥裂,菌盖大大缩小,常有疣状附属物。病菇常干裂,当蘑菇长大后菌盖便歪斜畸形。但不同于褐腐病,菇体不腐烂,不分泌褐色汁液,也无特殊臭味。

防治措施:防止菇蝇进入菇房,工具用4%甲醛消毒,已发病的地方喷用1:500倍多菌灵。

3.软腐病

又叫树枝状轮枝孢霉。主要危害蘑菇。

病症:发病时床面覆土周围首先出现白色病原菌丝,若不及时处理,菌丝便迅速蔓延,并变成水红色。在蘑菇的整个发育阶段都会受到这种病原菌的浸染,蘑菇子实体受到感染后并不发生畸形,而逐渐变成褐色直至腐烂。

防治措施:

(1)覆土表面局部发生时,喷用2%~5%的甲醛溶液。

(2)减少床面喷水,加强菇房通风,降低土面和空气湿度,患病部位撒石灰粉。

(3)喷用1:500倍多菌灵或托布津。

4.褶霉病

又叫菌盖斑点病。主要危害蘑菇。

病症:危害蘑菇菌褶,严重时菌褶常粘在一起,表面有病菌的白色菌丝,但病菇形状仍正常。

防治措施:

(1)发病后加强菇房通风,降低空气相对湿度,防止蔓延扩大。

(2)将病菇及时拔除烧毁。

(3)喷1:500倍多菌灵或托布津。

5.猝倒病

主要危害蘑菇。

病症:此病菌主要侵害蘑菇的菌柄,侵染后菌柄的髓部萎缩变成褐色。病菇的感染早期与健康蘑菇在外形上难以察别,只是菌盖部分色泽逐渐变暗,菇体不再长大,最后变成了"僵菇"。

防治措施:

(1)对土壤进行蒸汽消毒或喷用1:500倍多菌灵。

(2)发生此病时,喷用硫酸铵11份与硫酸铜1份的混合物,每56克加水18公斤。

(3)喷用1:500倍多菌灵或托布津。

6.菇脚粗糙病

主要危害蘑菇。

病症:染病的蘑菇菌柄表层粗糙、裂开,菌柄和菌盖明显变色,后期变成暗褐色。在病菇的菌柄和菌褶上,可看到一种粗糙、灰色的菌丝生长物。病菇因发育不良而成畸形。

防治措施:对土壤进行蒸汽或药剂消毒,严防病菇所带土粒污染其它地方,以减少危害。

7.红银耳

主要危害银耳。

病症:在银耳栽培过程中,银耳子实体变红、腐烂,最后失去再生能力。

防治措施:目前尚无有效的药剂。生产上采用提早接种,出耳时25℃以上的高温,可以减轻其危害。老的耳棚在排棒前用氨水消毒,工具用0.1%的高锰酸钾杀菌,有一定的防止效果。

8.白粉病

主要危害银耳。

病症:在出耳阶段,尤其在采收第一批子实体以后,如耳塘内通风差,闷湿,在耳片上出现一层面粉状的杂菌,至此耳片不再长大,形成不透明的"僵耳"。将病耳采收后,新长出的耳片仍然会出现白粉样的杂菌。严重影响银耳的产量质量。

防治措施:据反映,出耳前,耳木的菌丝应尽量发透,出耳以后加强耳塘通风,防止闷热、高湿,可减少其危害。

9.小菌核

主要危害草菇。

病症:此杂菌除与草菇争夺营养外,并分泌毒素抑制草菇菌丝生长,严重时完全不出菇。

防治措施:堆草前稻草用1%的石灰水浸泡。局部感染用1%的石灰水处理。

(二)竞争性杂菌

1.可变粉孢霉

又叫"棉絮状杂菌"。主要危害蘑菇。

病症:蘑菇可变粉孢霉在上海菇区的发生时间,秋菇多在

10月上旬覆土前后,春菇多在3月中旬调水之时。初步了解其菌丝生长较蘑菇菌丝更为好气,大量菌丝往往在涂层表面迅速生长。对温度的要求与蘑菇菌丝相似,但对高低温的适应幅度较大,一般在10~25℃可变粉孢霉都可正常生长,对土层湿度的要求不严格。

防治措施:可变粉孢霉发生后,当棉絮状菌丝暴露在土层表面时,喷用1:500倍多菌灵或托布津,每平方尺1两,有明显的治疗效果。连年严重发生可变粉孢霉的菇房,用1:800倍多菌灵拌料亦有明显的防治作用。

2.胡桃肉杂菌

又叫假块菌、牛脑髓状菌。主要危害蘑菇。

病症:胡桃肉状杂菌在高温、高湿、通气条件差的条件下,容易发生并迅速蔓延。发生前,培养料内往往发出一种刺鼻的漂白粉气味。覆土前或覆土后在料内、料面、土层中都会发生。始发时,先出现短而浓密的白色菌丝,继而形成一粒粒酷似胡桃肉装的子囊果,子囊果破裂后放出大量孢子,孢子球形。菇床上发生胡桃肉状杂菌后,与蘑菇争夺养料,在病区内由于产生大量的子囊果,便不再形成蘑菇子实体。蘑菇菌种内也会发生该杂菌。

防治措施:

(1)严格检查菌种,发现菌种内有漂白粉气味,有很短而浓密的菌丝,有一粒粒胡桃肉状的东西,坚决不要用来播种。

(2)场地和菇房喷用1:800倍多菌灵,培养料堆制发酵期间拌1:800倍多菌灵,有明显的防治效果。

(3)防止培养料过湿、过厚,适当推迟播种期(降低出菇时的温度),也有一定的防治作用。

(4)一旦发生胡桃肉状杂菌后,床面立即停止喷水,待土面干燥后,挑去胡桃肉状杂菌的一粒粒子囊果,当室温降至16℃

以下后再按常规管理,仍然可以正常出菇。

竞争性杂菌还有绿霉、黄霉、橄榄绿霉菌、白色石膏霉菌、青霉、链孢霉毛霉、革耳等多种。

(三)细菌性危害

1.细菌斑点病

又叫褐斑病,主要危害蘑菇。

病症:该病局限于菌盖上,开始菌盖上出现 1~2 处小的黄色或苍褐色的变色区，然后变成暗褐色凹陷的斑点。当斑点干后,菌盖开裂,形成不对称的子实体,菌柄上偶尔也发生纵向的凹斑,菌褶很少感染,菌肉变色部分一般很浅,很少超过皮下 3 毫米。有时蘑菇采收后才出现病斑，特别是蘑菇置于变温条件下,水分在菇盖表面凝结时,更易发生病斑。

防治措施:

(1)不要使菇盖表面积水和土面过湿。

(2)减少温度波动,防止高湿,空气相对湿度应降至 85%以下。

(3)喷用 1:600 倍次氯酸钙(漂白粉)。

2.菌褶滴水病

主要危害蘑菇。

病症:在蘑菇开伞前没有明显的病症。如果菌幕破裂,就可发现菌褶已被感染。在被感染的菌褶上可以看到奶油色小液滴,最后大多数的菌褶烂掉,变成一种褐色的黏液团。

防治措施:

(1)不要使菇盖表面积水和土面过湿。

(2)减少温度波动,防止高湿,空气相对湿度应降至 85%以下。

(3)喷用 1:600 倍次氯酸钙(漂白粉)。

3.干僵病

主要危害蘑菇。

病症:从病菇菌丝中分离出来的一种假单孢杆菌,把这种细菌接入蘑菇菌种,2~3 周后就会出现干僵病的病症。发病区的蘑菇畸形,苍褐色,典型特征是蘑菇菌盖歪斜,菇柄基部稍膨大,但不腐烂,而是逐渐萎缩、干枯僵硬,若病菇菌盖断下来,在菇盖着生的部位,可看到暗褐色的病区,将菌柄纵向剖开,也可发现一条条暗褐色的变色组织。

防治措施:可采取隔离措施,防止病区和健康区之间蘑菇菌丝的连接,目前尚无化学防治办法。

4.烂耳

主要危害银耳、黑木耳。

病症:银耳出耳后,耳片甚至耳根自溶腐烂现象较为普遍,给银耳生产带来的危害也较为严重。

防治措施:针对上述原因采取相应措施,可以防止烂耳。黑木耳烂耳又叫"流耳"、"糖性耳"、"水烂耳"等,是细胞充水破裂的一种生理性病害。黑木耳在接近成熟时期,不断产生担孢子,消耗子实体里面的营养物质,使子实体趋于衰老,此时湿度大,温度高,光照差,通风少,常发生溃烂。细菌或害虫侵害也可引起黑木耳烂耳。及时采收,加强通风和光照,降低温度,可减少烂耳。

(四)病毒性病害

病毒病主要危害蘑菇、香菇、银耳等。

病症:经常报道的蘑菇病毒病的病症是蘑菇菌柄拉长,菌盖很小且歪斜,病菇像浸过水一样,挤压时整个菇柄都是水。也有报道,菌丝逐渐腐烂,形成一个无菇病区,有时在病区内产生一些褐色的小茹,并提早开伞。其中病毒 2 号的毒性特大,若在播种时感染,可导致整茬蘑菇失收。

史奇思勒比较详细地描述了以下一些症状:①子实体细长,早现菇蕾,菌盖和菌柄不均衡,鼓状柄。有时因发育受阻,菇型矮化,或盖厚、柄短、菌盖发育不良等现象;或菌盖小,薄而平展,菌柄细长,有时无菌幕。②菌丝退化,细胞较短而膨胀,浅黄色,罹病子实体自灰色转为褐色,菌柄内部变褐,采收后的病菇迅速变褐。菌盖上呈现不规则褐斑,菌柄上呈褐色纵条斑;罹病菌丝覆土后生长衰弱,或从覆土层中消失。③菌褶硬脆,或呈革质;湿、软腐,数日内完全腐败;菌盖及菌柄上往往有水湿状黏液。④罹病菌丝生长缓慢,菌丝体褐色柔润,无粗大菌丝束,或菇蕾上无菌索。受侵染的菌丝在琼脂培养基上生长缓慢,菌丝稀疏,紧贴,菌落表现颗粒状,菌落边缘不整齐,有不同程度的凹槽。⑤健菇孢子平均大小4~6微米,病菇孢子平均大小为2微米。细胞壁薄,萌发速度比健康孢子快。

防治措施:

(1)老菇房的床架材料要彻底消毒,杀死材料内的蘑菇菌丝,以杜绝病毒通过床架材料传播感染。已发现病毒的菇房,蘑菇必须在开伞之前采光,防止病毒通过蘑菇孢子扩散。新旧菇房应保持适当距离,并注意不要用病菇分离菌种。

(2)通过后发酵培养料进行巴斯德消毒。清除蘑菇碎屑。工具、采菇人员衣物要保持清洁。

(3)用低剂量溴甲烷熏蒸剂(少于600TP),或用甲醛(福尔马林)消毒各种材料。

(4)用具煮沸消毒,或70℃条件下处理1小时。

(5)利用引种驯化,理化诱变和杂交育种等手段,选育抗病毒的品种。

（五）生理性病害

食用菌对环境因子的反应较为敏感，在不良的生活条件下，可造成食用菌生长发育的生理性障碍，产生各种异常现象，甚至死亡。现将常遇到的一些生理性病害举例叙述如下。

1.菌丝徒长（蘑菇、香菇）

病症：蘑菇在覆土以后，往往会发生蘑菇绒毛菌丝持续不断的往细土表面生长，产生“冒菌丝”而不结菇，形成菌丝徒长现象，严重时，甚至浓密成团，结成菌块（菌皮），推迟出菇，降低产量。香菇栽培块在菌丝愈合阶段，如管理不当，表面也往往会结成白色的老皮（菌皮）而不转色，也不能形成子实体。

防治措施：可在细土调水后或栽培块菌丝愈合后期，加强菇房通风或经常掀动塑料薄膜增加透气，降低二氧化碳浓度，减少细土表面和栽培块表面的湿度，同时降低菇房的温度，以抑制菌丝的生长，促进子实体的形成。若土面或栽培块表面已结成菌块，必须用刀将菌块划破，喷重水，大通风，仍可结成子实体。

2.子实体畸形（蘑菇、香菇、灵芝等）

病症：子实体形状不规则，盖小柄大、歪斜、锯缺等。子实体不分化，不开片，甚至形成一个不分化的组织块。

防治措施：针对以上原因，采取相应措施：加强栽培室内的通风透光，降低二氧化碳浓度；减少机械创伤，防止病毒感染；正确使用有关药剂，避免药害影响；恰当选用各种诱变剂，筛选遗传性状优良的突变体。

3.硬开伞现象（蘑菇）

病症：蘑菇幼嫩未成熟的子实体产生菌幕和菌柄分离而提早开伞的现象。严重影响蘑菇的质量。

防治措施：秋菇期间，经常注意天气预报，在低温来临之前，首先做好菇房保温工作，减少温差，同时在菇房走道、墙壁、空间喷雾，地上浇水，增加菇房内空气相对湿度，可以减少硬开伞的发生。

4.死菇现象（蘑菇）

病症：出菇期间，在无病虫危害的情况下，从幼小的菌蕾到大小不等的子实体，发生变黄、萎缩、停止生长直至死亡的现象。

防治措施：针对上述原因，采取相应措施。

薄皮早开伞（蘑菇）：在蘑菇旺产期，由于出菇过密，温度偏高（18℃以上），室内二氧化碳过量，很容易出现柄细长、盖瘦薄、早开伞的子实体，严重影响蘑菇产质量。菌丝不要吊得太高，出菇部位掌握在细土缝与粗、细土之间。防止出菇过密，不喷潮头水，不出潮头菇。适当降低菇房温度，可减少薄片早开伞的发生。

空根白心现象（蘑菇）：蘑菇旺产期，如温度偏高（室温 18℃以上），菇房内相对湿度又较低，茹面喷水少，土层偏干，蘑菇菌柄中间容易产生白心，有时在切削过程中或加工泡水阶段，白心部分便会脱落或收缩而形成菌柄中空的子实体，严重影响质量。为防止这种情况的发生，可多利用夜间或早、晚通风，以降低菇房温度；经常在菇房内喷雾，提高菇房空气相对湿度；喷水要轻重结合，使细土和粗土都能保持湿润，可改善空根白心现象。

水锈斑（蘑菇）：蘑菇子实体在菇房通风差、空气湿度过高（95%以上）、菇面水分蒸发慢、菌盖表面常有积水的情况下，或覆土的土粒带有铁锈，都会使蘑菇菌盖表面产生铁锈色斑点，形似细菌斑点病，影响蘑菇质量。但水锈斑只限于蘑菇表皮不深入菌肉。加强菇房通风，及时蒸发掉菇体表面的水滴，不用带有铁锈的覆土，可防止水锈斑的发生。

（六）死菌丝

又叫黄菌丝，主要危害蘑菇。

病症：此病多发于出菇以后。发病之前培养料内往往发出漂

表 9 主要农药使用方法

名称	防治对象	用法和用量
石灰	霉菌	5%~20%喷洒、粉撒用,可与硫酸铜合用
甲醛	细菌、真菌、线虫	5%喷洒,每立方米覆土 0.5~1 斤,每立方米 5 克高锰酸钾 +10 毫升甲醛熏蒸
高锰酸钾	细菌、真菌、害虫	0.1%洗涤消毒、熏蒸消毒
石灰酸	细菌、真菌、昆虫、虫卵	3%~4%水溶液喷雾
氨水	害虫、螨类、杂菌	17°液熏蒸菇房,或加 50 倍水拌料
敌敌畏	菇蝇类、螨类	0.5%喷洒,1000 尺 22 斤烟熏, 原液塞瓶熏蒸
漂白粉	细菌线虫"死菌丝"	3%~4%水溶液浸泡材料,0.5%~1%喷雾
硫酸铜	真菌	0.5%~1%水溶液
多菌灵	真菌、半知菌	1:800 倍拌料、1:500 倍喷洒
苯菌灵	真菌、半知菌	1:800 倍拌料、1:500 倍喷洒
甲基托布津	真菌、半知菌	1:800 倍拌料、1:500 倍喷洒
百菌清	真菌、轮枝霉	0.15%水溶液喷洒
代森锌	真菌	0.1%溶液喷洒
五氯酚钠	真菌、虫卵	5%水溶液喷雾
二嗪农	菇蝇、瘿蚊	每吨培养料用 20%乳剂 57 毫升
马拉硫磷	双翅目昆虫、螨类	0.15%喷洒
除虫菊	菇蝇、菇蚊、蛆	见商品说明书
鱼藤精	菇蝇、跳虫等	0.1%喷洒
食盐	蜗牛、蛞蝓	5%喷洒
对二氯苯	螨类	1 斤 /10 立方米熏蒸
三氯杀螨砜	螨类、小马陆、弹尾虫等	1:(800~1000)倍水溶液喷洒
杀螨砜	螨类、小马陆、弹尾虫等	1:(800~1001)倍水溶液喷洒
鱼藤精 + 中性肥皂	壳子虫、米象等	鱼藤精 1 斤, 中性皂 0.5 斤, 加水 200 斤喷洒

续表

亚砷酸+水杨酸+氧化铁	白蚁	80%亚砷酸、15%水杨酸加5%氧化铁施入蚁巢
煤焦油+防腐油	白蚁	配成1:1混合剂涂于材料上
二氧化硫	一般害虫	视容器大小适量熏蒸
菜籽饼	蜗牛、蛞蝓	1%溶液喷洒
链霉素	革兰氏阴性细菌	1:500水溶液喷洒
金霉素	细菌性烂耳	1:(500~600)倍水溶液喷洒

白粉气味，出菇以后首先在菇床上出现无菇区，拨开细土检查，凡是发生死菌丝的地方，土层间的线状菌丝变成焦黄色，倘若形成子实体后再发生死菌丝，则形成的子实体也同样变成焦黄色，病区以后则不再出菇。

防治措施：发生过死菌丝的菇房，将其床架材料拆下，先放

表10　几种主要食用菌的成分

项目	水分	蛋白质		粗脂肪	可溶性无氮浸出物	粗纤维	灰分	水溶性物
		粗蛋白	纯蛋白					
黑木耳	9.8	8.41	6.40	1.39	70.9	17.29	2.01	33.68
白木耳	11.84	5.62	5.62	4.34	63.68	21.10	5.26	79.60
蘑菇	90.55	47.42	24.65	3.30	31.49	9.38	8.41	57.20
香菇	15.25	18.32	12.57	4.89	66.32	7.11	3.36	45.21
平菇	95.30	19.46	11.08	3.84	65.61	6.15	4.94	51.39
朴菇	88.5	24.4	10.8	8.2	57.0	4.1	6.4	61.8
蜜环菌	88.72	15.56	7.67	6.27	62.61	8.79	6.77	52.46
草菇		33.77	22.35	3.52	30.51	18.40	13.30	49.73
松菇	89.9	17.0	8.7	5.8	61.5	8.6	7.1	53.0
口菇	92.3	26.7	10.3	7.0	46.1	10.5	9.8	66.4
滑菇	95.6	33.8	15.1	4.0	39.0	10.3	13.7	60.0
竹荪		19.4	13.4	2.6	60.4	8.4	9.3	52.4

入水中浸泡，然后晒干，再用3%的烧碱溶液消毒或用塑料薄膜包扎隔离，对防止死菌丝有很好的效果。

表11　几种有机肥料的成分(单位:%)

肥料	有机物	氮	磷	钾	水
人粪	20	1	0.5	0.37	78
人尿	3	0.5	0.13	0.19	96
人粪尿	5~10	0.5~0.8	0.2~0.4	0.2–0.3	89~94
猪粪（干）	82	3~4	2.7~4	2~3.3	
猪尿	2.5	0.3~0.5	0.07~0.15	0.2~0.7	97
猪圈粪(干)	90	1.62	0.7	2.1	
马粪(干)	84	1.6~2	0.8~1.2	1.4~1.8	
牛粪(干)	73	1.65~2.48	0.85~1.38	0.25~1	
牛尿	2.3	0.6~1.2	—	1.3~1.4	92~95

表12　食用菌培养料营养成分(单位:%)

成分 材料	水分	粗蛋白	粗脂肪	粗纤维（包括木质素）	无氮浸出物（可溶性碳水化合物）	钙	磷	粗灰分
屑木		1.5		95.0				
玉米秸	11.2	3.5	0.8	33.4	42.7	0.39		8.4
稻草	13.5	4.1	1.3	28.9	36.9	0.31	0.1	15.3
大麦草	15.5	3.2	1.3	37.1	3406	0.31	0.11	8.3
小麦草	13.5	2.7	1.1	37.0	35.9	0.26	0.1	9.8
高粱秸	10.2	3.2	0.5	33.0	48.5			4.6
大豆秸	13.5	13.8	2.4	28.7	34.0	1.41	0.36	7.6
玉米芯	13.5	1.1	0.6	31.8	51.8	0.40	0.25	1.3
米糠	13.5	11.8	14.5	7.2	28.0	0.39	0.03	25
谷糠	13.5	7.2	2.8	23.7	40.6			12.3

续表

大麦麸	13.5	6.7	1.7	23.6	44.5			10
小麦麸	12.8	11.4	4.8	8.8	56.3	0.15	0.62	5.9
大麦	14.5	10	1.9	4.0	67.1	0.12	0.33	2.5
小麦	13.5	10.7	2.2	2.8	68.9	0.05	0.79	1.9
黄豆	12.4	36.6	14.0	3.9	28.9	0.18	0.4	4.2
大豆饼	13.5	42	7.9	6.4	25	0.49	0.78	5.2
菜籽饼	10	33.1	10.2	11.1	27.9	0.26	0.58	7.7
棉籽饼	9.5	31.3	10.6	12.3	30	0.31	0.97	6.3
干酒糟	16.7	27.4	2.3	9.2	40	0.38		4.4
鱼粉	9.8	62.6	5.3		2.7			19.6
血粉	9.0	83.9	2.5					4.1
蚕蛹	79	11.27	0.66		8	0.02	0	1.1
蚕粪	10.8	13	2.1	10.1	53.7			10.3

第十一节　日光温室水果栽培

一、日光温室葡萄的栽培

(一)品种的选择

1.最好选择欧亚种,欧亚种葡萄品质佳,穗形美,色泽鲜,肉质较硬,酸甜适中,且易于管理,高产稳产,适合于温室栽培。

2.促早栽培选用早熟品种,早熟品种的果实发育期短,一般为95~110天左右。在日光温室中,6~7月成熟,比露地提早1~2个月,经济效益高。适于温室栽培的早熟品种有京秀、京亚、乍娜、紫珍香、六月紫、无核早红等。延迟栽培应选择晚熟品种和极晚熟品种,晚熟品种果实生长期长,通过调控,可比露地推迟1~2个月。适于延后栽培的品种有红地球、秋黑、圣诞玫瑰等。

另外,品种的低温需冷量、耐荫性、耐湿性等性状也是选择的依据之一。

(二)苗木的准备与栽培

1.苗木的准备

苗木质量的好坏,直接影响成活率和生长情况,并对结果时期、产量高低、适应能力、抗逆性和生产寿命都有很大关系。因此,温室栽培的苗木必须是品种纯正、生长健壮、根系发达的合格苗木。

2.栽培技术

目前，温室葡萄生产常用两种栽植制度，一种是一年一栽制,另一种是多年一栽制。生产上多采用多年一栽制。温室栽培的株行距比露地栽培要密，篱架种植，株行距为 0.5—2 米 × 2 米。定植前,根据行向,开挖深 80cm,宽 100cm 的定植沟,沟底覆 10cm 厚秸秆，每亩施充分腐熟的有机肥 5~7m³ 和适量的磷钾肥与土混拌均匀回填定植沟内,浇水沉实,然后按照不同栽培的株行距进行定植。栽植时期一般以春季 1~3 月份为宜。

3.环境因子调控技术

催芽期从温室升温催芽开始,第一周要缓慢升温,白天保特 15~20℃左右,夜间 10~15℃,最低不低于 3℃。以后逐渐提高温度,到萌芽发育时为止,白天升到 20~25℃,夜间保持 15℃左右,最低不低于 5℃。在发芽前的催芽期间,把温室门及风口紧闭,使空气湿度保持在 80%以上。新梢生长发育期,白天温度控制在 20~25℃,夜间保持在 15℃左右,最低不低于 10℃,严格控制湿度,湿度控制在 60%左右。

开花期为了提高花粉发芽率，保证授粉受精过程的顺利进行,白天温度保持 20℃左右,夜间保持 5~10℃,最低不可低于

5℃，开花期要停止灌水，湿度保持在50%左右，以利开花和散粉。幼果时期白天温度保持20~25℃，夜间保持在15~20℃，湿度保持在70%左右。着色期白天温度保持20~30℃，夜间保持16~18℃，此期要停止灌水，湿度保持70%~80%。

温度的调控主要通过晚揭早盖，开闭通风口，辅助加温设备等方法进行调节。增加湿度的方法有：地面洒水、灌溉等。降低湿度的方法，可采用地面覆盖，抑制土壤水分的蒸发；控制灌水，提高室内温度，使饱和差上升，利用晴天加大通风量，减少棚内水气量等措施。

湿度特别大，又不能放风时，可采用人工放置吸水剂，以降低空气湿度。采用膜下滴灌也是降低湿度的措施之一。光照调节一是通过改进温室结构与管理体制技术，加强管理增强自然透入率；二是人工补光。

（三）栽培管理技术

1.整形修剪

（1）单干单臂水平整枝

适用于日光温室篱架种植。苗木按1m株距定植，萌芽抽枝后，选留1个健壮新梢萌发，将基部50~60cm处的副梢全部抹除，60cm以上的副梢留2~6片叶摘心。冬季修剪时，将主蔓上的副梢全部剪掉，只留1个1.5~1.6cm长的主蔓来结果，第二年将主蔓从南向北水平绑在距地面高50~60cm的一道铁丝上，新梢萌发后，将主蔓基部60cm以下的萌发芽尽早抹去，60cm以上的则隔1节留1个果枝，共留4~5个新梢结果，并均匀地将其绑在架面上。冬剪时，每个果枝基部留2芽短截。每个短结果母枝上留1~2个结果枝结果 。冬剪时，仍留相同数量的2节短结果母枝下年结果。这样，树形就培养成了。

(2)单干双臂水平整枝

适用于日光温室篱架种植。首先苗木按 2m 的株距定植。苗木发芽后,仍留 1 个健壮新梢,培育为一侧的主蔓。待新梢长到 1.2~1.9m 时摘心，摘心后副梢萌发，为提早成形可利用副梢整形。即在新梢距地面约 80cm 处,选留 1 年生健壮的副梢培养成另一侧的主蔓,其余萌发副梢位于此副梢以下的全部抹除,此副梢以上者,除顶端 1 个留 4~6 个叶摘心外,均留 1~2 叶摘心,以保证选留副梢的健壮生长。待选留副梢长到 1m 左右时摘心。2 次副梢的摘心处理,除顶端留 1 个长到 30cm 左右再摘心外,其余的一律留 1 叶摘心，以促进枝蔓加粗生长，并有利于花芽分化,为第二年结果奠定良好的基础。冬季修剪时,将副梢全部剪去,树形基本完成,以后的培养同单臂水平整枝一样。

(3)龙干整枝

适用于日光温室棚架种植。温室栽培中,多采用龙干整枝。首先按 0.5~0.75m 的株距定植。定植苗萌发后,选留 1 个粗壮的新梢培养成主蔓,待新梢长到 2~3m 时摘心,除顶端 1~2 个副梢长到 50cm 左右摘心外，其余叶腋副梢距地面 30~80cm 以下的全部抹除,以上要根据粗度作不同处理,粗度为 0.7cm 以上的留 4~5 叶摘心,细的留 1~2 叶摘心。冬季修剪时,将主蔓上的副梢全部剪去,每株留 1 个长 2~2.3m 的健壮主蔓结果。第二年,芽眼萌发以后,将主蔓近地 70~80cm 以下的芽全部抹除,从 80cm 开始每个主蔓上部两侧分别隔 30cm 左右留 1 个结果枝结果,每个结果枝留 1 穗,冬剪时,在每个果枝的基部剪留 2 芽作结果母枝,较弱的果枝剪留 1 芽,至此,树形也基本形成。

(4)扇形整枝

适用于日光温室篱架种植。种植株距多为 1m,定植苗萌发后,选留 2 个健壮新梢培养成主蔓,待新梢长到 1.3~1.5m 时摘心，摘心后的副梢处理同前述。冬季修剪时剪去全部副梢，只留2个长1.3~1.5m、粗1cm左右的主蔓结果。第二年，芽眼萌发后，将主蔓基部50cm以下的萌发芽眼全部抹去，50cm以上的主蔓两侧分别每隔30cm左右留1个结果枝结果，每个主蔓分别留4~5个结果枝。冬剪时，除主蔓顶端各留5~7个节延长枝扩大树冠外，其余的均留2~3节短剪结果枝。至此，树形基本形成。

(5)冬季修剪

温室葡萄的冬季修剪，应将结果枝剪得短一些。主要以短剪为主，长剪为辅，除主蔓延长枝根据架面的需要适当长剪外，对其他的结果母枝一律采用短剪。

(6)生长季修剪

①抹芽定梢。在温室栽培中，抹芽定梢的目的是为了调节树势，控制新梢花前生长量。

②引缚。在温室栽培条件下，引缚对调节树势，尤其是调节枝势具有很好的作用。另外，引缚还有理顺枝梢、整理架面、通风透光的作用。

③去卷须。在引缚新梢的同时，对新梢上发出的卷须要及时摘除，以便减少营养消耗和便于工作。

④扭梢。温室栽培葡萄发芽往往不整齐，有的顶部芽萌发长到20cm时，下部芽才萌发。为了结果枝在开花前长短基本一致，当先萌动的芽新梢长到20cm左右时，将基部扭一下，使其缓慢生长。这样，晚萌发的新梢经过15天生长即可赶上。另外，在开花前对花序上部的新梢进行扭梢，可提高坐果率20%左右。

⑤新梢摘心。摘心是于花前将新梢的梢尖剪掉，以暂缓新梢与穗对贮藏营养的争夺，使贮藏养分更多地流入花穗，以保证花

芽分化、开花、坐果对营养的需要。温室栽培摘心应尽量早进行，当新梢叶片够数时，即可摘心，称够叶摘心。摘心不需要到开花前，一般主梢摘心在果穗以上留4—5叶摘心。

⑥副梢处理。主梢摘心后，必须紧跟去副梢工作，温室栽培葡萄密度大，花序上下的副梢全部抹除，只留顶端1个夏芽副梢，然后，3—4片叶反复摘心，确保架面通风透光，否则极易造成郁蔽遮光。

⑦疏穗及掐穗尖。温室中的葡萄肥水充足，几乎每个新梢均有花序，一般来说，一个新梢只留1个果穗，弱枝不留果穗，同时必须掐穗尖去副穗歧肩，对花序进行修剪整形以达到优质商品性能。

2.花果管理技术

疏穗、疏粒、合理负载、及时定产，不仅可以提高产品品质，而且可以提高坐果率。对生长势强的结果枝，在花前对叶片，花序上部进行扭梢，或留4~5叶摘心，可提高坐果率。花前对叶片、花序喷1次0.2%~0.3%硼酸或0.2%的硼砂溶液，每隔5天左右喷1次，连续喷2~3次。盛花期用浓度为25~40mg/kg的赤霉素溶液浸醮花序或喷雾，不仅可提高坐果率，而且可以促使果实提早15天左右成熟。

3.肥水管理

温室葡萄结果后，以有机肥为主作为基肥施入，花后根据树势，适当追施磷肥、钾肥、氮肥。要严格控制施用，基肥一般在9月上中旬施入，基肥施入量每亩为5—7m^3。生长期追肥以磷钾肥为主，每亩施钾肥45kg，磷肥22.5kg。温室葡萄灌水应灌好催芽水，催花水、催果水、果实采后的灌水、冬水，葡萄开花期和浆果成熟前一个月不能灌水。

4.病虫害防治

在温室内栽培的葡萄,由于处于高温高湿的环境条件下,容易发生病虫危害,发生较多的有灰霉病、葡萄穗轴褐枯病、白腐病等。萌芽前喷1次5波美度石硫合剂,花前喷1次多菌灵预防穗轴褐腐病;落花后喷半量式波尔多液和三唑酮,防治灰霉病、霜霉病和白粉病等,每10天喷1次。温室葡萄虫害主要是叶螨,根据情况喷1~2次1500倍天王星即可防治。

二、日光温室油桃的栽培

(一)品种选择

选择品质优良,丰产性好,自花结实力强的品种。促早栽培以极早熟或早熟品种为好。早熟油桃以曙光、华光、早红珠、五月红、早红宝石、丹墨、秦光、瑞光等品种为好,早熟蟠桃以早露蟠桃、早硕蜜品种为好,早熟水蜜桃以春秀、春花、布目早生、早霞露等品种为好。延迟栽培以晚熟或极晚熟品种为宜,如白雪红桃。

(二)定植技术

温室油桃栽植应采用南北行向,株行距1.0m×2.0m,定植前开挖深60cm,宽80cm的定植沟,每公顷施有机肥75m^3,与土混匀后回填,填平后灌透水,使栽植沟沉实。栽植时合理搭配授粉品种,一般主栽、授粉品种比例为8:1。定植后及时定干,定干高度温室前约30~40cm,后部50cm,形成前低后高的一面坡式,树形采用"Y"字形和细长纺锤形,树冠控制在1.5~2.0m,主枝留两个,向行间延伸,主枝上直接配备中、大型结果枝组,不留侧枝,主枝角度在55°~60°。6月底开始喷布15%多效唑,间隔10~15天连喷3次,使用浓度为300mg/kg、350mg/kg,同时喷1~3次0.3%~0.5%磷酸二氢钾,控长促花,使其形成足量优质花芽。

（三）整形修剪

日光温室桃树栽培，由于温室内光照不足，温度高，湿度大，且通透性差，容易引起树势强旺，枝条徒长，过密，光照恶化。因此在密植条件下，整形修剪显得十分重要。

1.基本树形

在密植条件下，采用双主枝自然开心形，也可采用自然开心形。

2.修剪要点

日光温室桃树的修剪应坚持以夏季修剪为主，冬季修剪为辅。以疏缓为主，尽量少截。

3.夏季修剪

夏季修剪对早成形、早成花、早结果、早丰产以及抑制枝梢徒长，改善光照条件有重要作用。

（1）抹芽除梢。萌芽后，当新梢长至 5cm 左右时，抹去过多的芽和梢。

（2）摘心。当新梢长至 60 cm 时进行第一次摘心，以便发二次梢，当二次梢长至 20~30cm 时进行第二次摘心，如此反复进行第三次、第四次摘心，培养结果枝组，但不是所有的一次枝都摘心。否则会因生长过旺而影响成花。

（3）扭梢。当新梢长至 30 cm 时，在未木质化时扭梢，控制生长，缓势成花。

（4）疏枝。果实迅速膨大期至成熟期，为了改善光照，缓和树势，对强旺枝、背上直立枝、密生枝从基部疏除。在有空间的情况下，可留 1~2 芽进行重短截。

（5）拉枝。6~7 月份拉枝，特别是采用纺锤形的树，必须拉平枝组的轴枝，其他树形拉至适宜角度。

（6）回缩。果实采收后回缩结果枝，同时进一步清理徒长枝、细弱枝、重叠枝、密生枝。

4.冬季修剪

冬季修剪要剪好骨干枝的延长枝,调整结果枝组间距,其中大型枝组间距50~70cm,中型枝组间距30cm,小型枝组则插空安排,互不干扰。结果枝间距宜为10~12cm,且方向不要重叠,长果枝留5~10个花芽,中果枝留4~6个花芽,短果枝留2~3个花芽。花束状果枝去弱留强,不短截。此外,为防止结果部位外移,应采用单枝更新和双枝更新。

5.温湿度管理

扣棚后温湿度通过揭盖草帘和开关通风口调节。开始升温到萌芽期温度,升温过程要缓,不能过猛,以免造成根系活动不足,输导养分能力低,地上部芽子萌发又萎缩枯死现象。白天气温18~22℃,夜间气温5~7℃;萌芽到开花期白天气温20~25℃,夜间气温8~10℃;果实膨大期白天气温25~28℃,夜间气温12~17℃;果实成熟期白天气温15~28℃,夜间气温16~18℃,昼夜温差不小于10℃。棚内湿度管理从扣棚到开花前相对湿度为70%~80%,开花期保持50%左右,花后至果实采收控制在60%以下。花期停止灌水,严格控制各生理期的极限温度。一是由于果实的幼胚对高温、低温都很敏感,过高过低都会损伤破坏幼胚组织,引起果实生长缓慢或停止发育,严重者引起生理落果;二是由于设施条件下,光合作用的最适温度在25℃左右,达到30℃以上,光合效能下降很快,到34℃光合作用向消耗型转化,基本不形成碳水化合物,易引起树体养分积累不足,导致果实着色不良,口感欠佳。

6.人工授粉技术

油桃花粉量较多,可用人工毛笔点授、鸡毛掸滚动、盛花期用秃毛笔蘸取花粉,然后转到其他的花柱头上。或用鸡毛掸子在花上轻轻抖动，使鸡毛掸子上蘸取的花粉抖到其他的花柱头上。上述两种方法可连续 5~6 天,方法简单,效果良好。

7.病虫害防治

在温室高温高湿的环境下,病害比较容易发生,主要有褐腐病、桃细菌性穿孔病和炭疽病,应采取综合措施进行防治。①冬剪后及时清除枯枝、落叶、杂草,集中烧掉。②扣棚前喷一次 5 度石硫合剂，落花后每半月喷一次 80%的代森猛锌可湿性粉剂 400 ~ 600 倍液。虫害主要以春季蚜虫危害为主,可在花前花后各防一次,用蚜虱净、抗蚜威、灭扫利率均可防治。

三、日光温室草莓的栽培

日光温室草莓投资大、效益高,成熟期在 11 月下旬至翌年 4 月上旬。栽培技术简介如下。

(一)品种选择

品种不同,其花芽分化所需温度、日照条件及休眠所需低温积累量等均有差别,栽培形式也不同。适合日光温室的草莓品种有:吐特拉、童子 1 号、日本 19 号、全明星、星都 2 号、达斯罗、新明星等。

(二)栽培形式

1.促成栽培

品种选择的原则是,对花芽分化反应不敏感的早熟种,休眠要短,耐寒,长势强,花粉多而且健全,果实大小较整齐,畸形果少,产量高,品质好。

2.半促成栽培

半促成栽培不需要早保温、早结果,故不需要花芽早分化,而要求花芽分化多而饱满,果形正,产量高。在我国北方地区应选休眠长的品种。

(三)栽培技术

1.整地作畦

选背风向阳，土地肥沃，疏松透气的壤土地为宜，亩施4~5m³腐熟鸡粪或猪粪、二铵40~50公斤；或优质圈肥5m³以上、二铵50公斤、硫酸钾35公斤、辛硫磷2公斤，深翻30厘米，作成宽50厘米、高25厘米的高畦，垄向以南北向为宜。

2.选苗定植

首先选择高产优质耐贮运的大果型草莓品种，并选用具有3~5片以上子叶，4~5条健壮根的匍匐茎苗，于8月下旬至9月上旬定植，每畦栽2行，弱苗可每穴栽双株，株距10~15厘米，亩定植1~2万株，定植时选择阴天或晴天下午4时后为最好，使草莓弓背朝向畦外，深度以上不埋心，下不露根为宜。

3.栽后及越冬管理

栽后立即浇水1次，1周内浇2—3次水，当新叶长出2—3片后及时摘除下部老叶，并集中烧毁，幼苗长出新叶后结合浇水亩施二铵10公斤，此时抽出的匍匐茎要及时摘除，以减少养分消耗，促进花芽分化。

越冬前浇1次封冻水，结合浇水亩施入三元素复合肥或二铵50公斤。草莓经几场轻霜后于11月下旬盖地膜，一般用黑地膜。

4.扣棚及扣棚后的管理

(1)扣棚保温:不同品种扣棚时间不同，丰香在10月中旬为宜;玫瑰、佐贺以10月下旬为宜;吐德拉以11月中旬为宜;达赛、全明星以11月下旬至12月上旬为宜。选用无滴棚膜。

(2)植株管理:扣棚后要及时破膜提苗，方法是在植株上方的地膜上割1个十字形小口，将植株提至膜上，越冬前还没有剪老叶的，要将枯黄叶、病虫叶、衰老叶剪掉，对新茎分枝多的，去掉弱枝只保留 2~3 个健壮的新茎即可。

(3)赤霉素处理:扣棚保温 1 周左右,在晴天气温高时喷 1 次,吐德拉按 8~10 毫克 / 公斤,达赛、玫瑰、全明星 10mg/kg,如棚温较低,1 周后可喷第二次,全明星、达赛按 7~8mg/kg。

(4)辅助授粉:当棚内 1/3 的草莓开花时,及时放蜜蜂或雄蜂辅助授粉,为防治授粉蜂外逃,可在通风口处挡上窗纱。

(5)温度管理:萌芽生长期白天 26~28℃,夜间 8~10℃;开花期白天 22~25℃,夜间 8~12℃;果实成熟期白天 20~25℃,夜间 5~6 ℃。

(6)肥水管理:提倡膜下滴灌,草莓开始采摘前浇 1 次水,有缺肥情况的,可用冲施肥,甲宝等肥随水施入,同时选用硫酸二氢钾等叶面喷肥 2~3 次。

(7)适时采收:当果实八成熟时,即应采收,前期一般隔日采收,中期可每日采收。采收后应将病虫果、畸形果挑出,分级包装后及时进入市场销售。

5.病虫害防治

(1)病害的防治:大棚内易发生的病害主要有:芽枯病、灰霉病、白粉病、疫病等。①芽枯病。用 50%甲基托布津 600 倍或百菌清 100 倍喷雾防治。②灰霉病。用速克灵、百菌清烟剂交替熏棚,病害较重时,可用农利灵、速克灵、施佳乐等 1000 倍或多霉清 800 倍交替喷雾防治,10 天 1 次。③白粉病。用朵麦可 1000 倍或普力威 1200 倍或大生 600 倍或世高 1500 倍交替喷雾防治,间隔 7~10 天。每隔 2 次加赤霉毒 3mg/kg,或用硫酸罐熏蒸防治。

(2)虫害防治:主要虫害有蚜虫、蛴螬等。防治方法:蚜虫用 50%抗蚜可湿性粉亩用 8~15 克喷雾,或用虫螨净烟雾剂熏蒸防治;蛴螬用 50%辛硫乳油 1000 倍灌根防治。

(3)注意事项:用药前需将授粉蜂提前搬出棚外,在果实采收前 20 天不能用药。

四、日光温室杏的栽培

杏原产我国,栽培历史悠久。但由于大多杏树为粗放经营,产量低而不稳,加之杏花期早,易受晚霜危害等原因,影响了杏的发展。如今,通过日光温室集约栽培,可有效地避免冻害的发生。下面介绍的日光温室杏栽培技术较适合北方广大果区。

(一)品种选择

主要有凯特、金太阳、黄金杏等。凯特和金太阳是美国 1978 年选育出的优良品种, 山东省果树研究所在 1991 年引入国内。这几个品种的植株生长发育健壮,适应性强,病虫害少,容易成花,完全花比例高,自然坐果率高,丰产性强,品质和商品性都很好,是目前设施栽培的首选良种。另外,像山东农业大学选育的红丰、新世纪,辽宁省果树研究所选育的 9803 等也可以选用。

需要提出的是,凯特、黄金杏这两个品种可以自花结实,也就是说它们自己的花粉授在柱头上就可以结果（而一般的杏品种必须要不同品种的花粉授粉才能结果),栽植的时候可以不配授粉树,但是金太阳不能自花结实,必须配授粉树。金太阳、黄金杏两个品种树姿开张,树冠较矮,可以栽在日光温室的前部,凯特树姿直立,树体高大,栽在温室的中后部,这样可以有效利用空间,有利于整形修剪。

(二)对温室的要求

目前生产上各种结构的日光温室都可以采用, 北方寒冷地区越冬休眠期间要覆盖棚膜、草帘来保温,棚膜用聚氯乙烯或者聚乙烯膜等等都可以,但必须是无滴膜,否则的话,容易导致温室内空气湿度太大,影响植株生长发育和开花坐果。草帘厚度以5厘米比较合适。高寒地区,比如沈阳以北,或者升温比较早的温室,要在草帘下面加四层牛皮纸的纸被,来提高保温的效果。植株通过休眠以后揭开草帘升温,太阳光是温室热量的唯一来源,不需要人工加温或者补光。

(三)对苗木的要求

生长的是否整齐一致,对建立丰产园非常重要,在选择苗木方面,最好种经过一年露地抚育的苗木,在秋季落叶以后移到温室,经过第二年一个生长季的栽培抚育,第三年4月就可以丰收。幼苗在露地集中抚育1年,可以促进果树生长发育,尤其是促进根系发育,这一点在用山杏做砧木时尤为重要。根系发达的1年生小树移栽到日光温室中,植株整齐,生长发育健壮,花芽分化良好,是第三年达到丰产的根本保证。如果按照传统的方法直接定植小苗,往往因为苗木质量不一,植株生长发育参差不齐,难以达到丰产园的要求。

(四)栽植的方式

1.先有温室后栽杏树

(1)直接定植:3月上中旬撒施农家肥,后深翻25~30厘米,按株行距1米×1米挖定植坑,坑直径30厘米、深30厘米。直接栽植杏苗。栽前将杏苗用清水浸泡一昼夜,用3~5度石硫合剂蘸根5分钟消毒。再用1克ABT生根粉兑水20公斤蘸根15分钟~1小时。栽时注意踩实,边填土,边提苗,边踩实。栽植深度与原土皮相同。栽后定干:按最南排30厘米定干,向北依次每株增加5厘米,最北株苗高60厘米左右。

(2)大苗移栽:当日光温室冬春季有蔬菜等生产时,可选用此种方式。方法是:利用旧水泥袋、化肥袋或塑料袋(剪底角)装营养土,营养土比例为腐熟农家肥1/4、园土3/4混拌均匀。

苗木处理同直接栽植苗木，栽时每袋一苗，栽后定干，摆放整齐，上用4米竹皮作成小拱棚，上盖大棚膜，夜盖草帘。

（五）定植后第一年的管理要点

1.土肥水管理

（1）土壤管理：栽前改土和浇水，松土，增加土壤通透性并及时除草。

（2）肥料含基肥和追肥。

基肥：基肥除栽植前改土基肥外，定植当年9月上旬至10月底，日光温室杏树要亩施5000公斤农家肥，方法为表面撒施后用四齿叉深翻宽40厘米，深25厘米。

追肥：定植当年7月中旬前，要1个月左右追肥1次。第一遍肥于当年新梢10~15厘米时追施垦易生物有机肥100倍液，株施1.5~2.5公斤。也可株施尿素100~150克。第二遍肥，当年新梢25~30厘米时，株施尿素100克+撒可富100克。第三遍肥，6月下旬株施硫酸钾复合肥400~500克。

根外追肥：结合喷药，7月中旬前每次喷药加喷300倍尿素，促进新梢旺长；7月中旬后，每次喷药加喷磷酸二氢钾300倍液，促进花芽分化、枝条成熟。

（3）浇水：苗木定植后，要浇1次大水，之后每10天左右浇水1次。连浇4次，保苗木成活。苗木成活后，每半月左右浇水1次，促进新梢旺长。7月中旬后，雨量适中时停止浇水，干旱时适量浇水。雨量大时，注意排水，全年浇好追肥水、封冻水。

（4）修剪：①夏剪。第一年生杏树，夏剪主要是摘心。当年新梢25厘米左右时，摘心一次，二次梢30厘米时再摘心一次，三次新梢10~15厘米时，疏除部分直立新梢。其余待9月上旬全部摘心。立秋前后，每株留东西向两个主枝保留60°~70°，其他枝条拿枝软化成 90°左右，周密细致的夏剪可促进成花。②冬剪。扣棚前至升温后进行,疏除内膛直立枝、无花枝、交叉枝、细弱枝,每株留下 30 厘米以上有花枝 40 个左右即可。树高控制在地面到棚膜的一半。

2.病虫防治

杏树主要病虫害为穿孔病、黑星病、早期落叶病、褐腐病、红点病,蚜虫、红蜂蛛、杏仁蜂和介壳虫等。生产上以综合防治为主,一年生幼树以代森锰锌 600 倍液或多菌灵 800 倍液防病。以一遍净 1500 倍防治蚜虫；以扫螨净 1500 倍或齐螨素 2500 倍防治红蜘蛛；以灭幼脲 3 号 1500 倍防治毛虫类；以速扑杀 1000 倍防治介壳虫即可。病害用药半月 1 次,虫害用药见虫才用。

（六)第二年及其以后各年管理

1.温湿度控制

升温第一周不可使温度骤然升高，一般是揭 1／2 草帘即可。温控在 15℃以下,相对湿度在 80%～90%。第二周开始,揭开全部草帘。萌芽期适宜温度控制在 8～15℃,最低温度 5℃,湿度小于 80%;花期适宜温度控制在 12～18℃,最低温度 7℃,湿度小于 60%，花期温度不可超过 22℃；幼果期适宜温度 15～20℃,最低温度 8℃,相对湿度小于 70%;膨大期适宜温度 18～25℃，最低温度 10℃，湿度小于 70%；近熟期适宜温度 22～30℃,最低温度 15℃,湿度小于 60%。升温后第二周覆地膜,利于保墒,提高地温。

(2)肥水管理

①基肥:9 月上旬至 10 月底,667 米^2(1 亩)施农家肥 5000 公斤,撒施、深翻。

②追肥:升温第 1 周内追肥。株施尿素 200 克,沟施;花后 2 周株施撒可富复合肥 300 克；果实膨大期株施硫酸钾复合肥

300 克;采果后株施尿素 300 克。

③水:浇好发芽水,花前、后水各再次追肥水,果实膨大水,封冻水。

3.花果管理

①人工授粉:花期人工授粉,可采花制粉人工点授,也可用毛笔逐花点授。盛花期用鸡毛掸子整树滚动,授粉效果也不错。有条件的地区也可利用蜜蜂或壁蜂授粉。

②喷激素促进坐果:盛花期喷 500 倍硼砂 + 300 倍尿素;花后 2 周内喷 25 毫克/升赤霉素 (GA3)+0.3%磷酸二氢钾 + 葡萄糖 +300 倍防落着色剂,以提高坐果率。

③环割:花后对旺树旺枝进行环割,每枝 2~3 刀,间隔 3~5 厘米。

④人工疏果:疏果可分 2 次进行。第一次疏果以花后第 2 周内完成,疏去果枝基部小果、畸形果、并生果、病虫果。第二次疏果在硬核期进行,一般花束状果枝留 1 个果,短果枝留 1~2 个果,中果枝留 3~4 个果,长果枝留 6~8 个果。

4.修剪

①夏剪:主要抹芽、摘心、疏枝、摘叶、采果后间伐或重回缩。当花后叶芽萌发时,抹除着生部位不当的芽;当新梢 20–25 厘米时及时摘心,当二次新梢长到 20 厘米时摘心或疏除。骨干枝长到 50 厘米左右时,应拉枝开角,部分新梢进行环割,扭梢处理,及时疏除背上旺梢和密生枝,以打开光路,增加光照促进花芽分化。当果实近成熟时,摘除果实周围叶片,促进果实着色。果实采摘后,进行隔行间伐,变成 1×2 株行距,对保留树,疏去下垂枝、回缩结果枝、短截骨干枝,促发新梢,用于来年结果。②冬季修剪:原则上仍是疏除无花枝、病虫枝、交叉枝。重叠枝、下垂枝,按 1×2 株行距,每树留下 60~80 个中长果枝即可。

5.病虫害防治

除升温后第一周喷1次3°石硫合剂外，其他病虫害防治同第一年。

五、日光温室樱桃的栽培

（一）樱桃对环境条件的要求

中国樱桃原产于我国长江流域，适应温暖潮湿气候，耐寒力较弱。毛樱桃原产于我国北部地区，分布广，抗寒力强，南北各地均有栽培。

1.温度

樱桃适于在年平均气温12℃以上的地区栽培。一年要求平均气温10℃以上的时间在150~200天。樱桃营养生长期短，果实成熟期早，果实生长发育和新梢生长都集中在营养生长的前期，这一时期需要有较高的气温，以满足樱桃生长的要求。樱桃是耐寒喜温的树种，但夏季的高温干燥对樱桃生长不利。樱桃的叶芽比花芽晚一周萌发，温度7℃时开始萌芽，开花期的适温为11~12℃，果实期的适温13~15℃。成龄的中国樱桃能忍受－18~－19℃的低温（毛樱桃可以忍受－36℃的低温），中国樱桃在冬季低温－20℃时，则表现枝枯。中国樱桃一年生苗在－15℃时会全部冻死。所以，冬季低温常在－15℃的地区要采取防寒措施。

花期温度下降到－1℃时花器要受到冻害；－5℃时，幼叶、花瓣、花萼、花心均会受害变褐。

2.土壤

中国樱桃对土壤条件的要求不严格，但在土层深厚、土质疏松、通气良好的砂质壤土或壤土上容易获得高产。中国樱桃对土壤盐渍化的反应很敏感，因此，盐碱地上不能栽培樱桃。

3.水分

水分是樱桃正常发育必不可少的条件。土壤湿度过高时,常引起枝叶徒长,不利于结果;土壤湿度低时,尤其是夏季干旱,供水不足,新梢生长受到抑制。为了适应中国樱桃的这一特点,自然栽培时多选择山坡沟谷气候较湿润的小气候区栽培。樱桃和桃、李、杏等果树一样,根部需要较充足的氧气条件,对缺氧很敏感。若土壤水分过多,会造成土壤中氧气不足,影响根系正常的呼吸作用,严重时烂根,地上部流胶,导致树体衰弱死亡。若土壤水分不足,则会引起树体早衰,形成"小老树",产量低,果实品质差。温室栽培一般都有较好的水浇条件,一般不会出现干旱的问题。

4.光照

樱桃是喜光树种，尤以甜樱桃为甚，其次为酸樱桃和毛樱桃。中国樱桃较耐阴,但光照条件良好时,树体健壮,果枝寿命长,花芽充实,坐果率高,果实成熟早,着色好。所以,日光温室栽培中国樱桃时,也要注意温室的采光设计和光照管理,要采取适宜的栽植密度和通过整枝修剪改善行间和株间的通风透光条件。

(二)苗木选择和培养

日光温室栽培中国樱桃，一般开始都是专业的苗圃购得苗子,第一年春天定植到准备修建温室的地段,经过两年的培养,第三年春季进行温室生产,可以连续进行几年。

1.适用品种

宜选用中国樱桃中植株比较矮，生长健壮，树冠体积比较小,适应性比较强,结果早,果个大,色泽鲜艳,品质好的优良品种,如莱阳矮樱桃、山东枣庄大窝楼叶、山东滕县大红樱桃等。

2.选择地块

对于日光温室栽培来说，宜选择土质比较肥沃，土层深厚，灌溉方便，排水良好的壤土或砂壤土。地形要适应建照日光温室的需要，避风向阳，同时要有利于看护和能保证较长时间使用。

3.施肥整地

定植前按行距2.5米开挖深60厘米，宽80~100厘米的沟。沟内亩施腐熟厩肥2000~3000公斤，过磷酸钙100~150公斤和草木灰等。此项工作应在定植前的早春完成。如果能在冬前将沟挖好，沟底深翻晒垡，效果更好。

4.栽培方法

在栽植沟里按1.5米的株距，如同一般树木的栽法定植即可。

5.栽后管理

第一年，在春季加强肥水管理的基础上，6月份追肥、灌水2次，促进枝条旺盛生长，增加枝量，尽快扩大树冠。第二年促控结合，6月份以前促进生长，6月份以后控制氮肥施用和灌水，增施磷钾肥，喷施多效唑400倍液，行环切，控制树体生长，积累营养，促进花芽的形成，为第三年早春覆膜生产打下基础。秋季落叶后在植株周围施入基肥，每株施入人粪尿20~30公斤。

6.合理修剪，枝量适当

中国樱桃通常采用自然开心形的整形方法。中间行植株以改良疏层形为主，这种树形无明显主干，在近地面处保留5~6个分布方位均匀、角度较大的主枝，中间培养一个直立中干，中干的中上部再培养4~6个主枝，形成第二至三层主枝。树高1.8~2米。边行植株以丛状形为主，无主干，培养5~6个分布方位均匀的主枝，在主枝上培养枝组，树高1.4~1.8米。

苗木培养期间,按此基本树形进行修剪整枝。修剪时间以采收后的夏剪为主,夏、冬剪结合。以疏剪为主,疏、缩结合。重点是缩剪已结果的中长枝,疏除弱枝、密生枝,防止枝量过大影响光照,亩枝量以 7 万 ~9 万个为宜,中短枝应占有 65%~80%。

(三)温室管理

1.温室管理

扣膜保温后,要根据中国樱桃不同生育时期对温度要求的范围进行调节控制。中国樱桃花序分化前的日平均温度为 7~10℃,开花期 11~12℃,幼果膨大期 13~15℃。日光温室在晴天时,中午有时温度达到 30~40℃,这对樱桃的生长发育是不利的。一般白天掌握在 17~22℃之间即可,日光温室晚上一般保温条件较好,不会有低温的伤害,但往往夜温过高,对樱桃的生长发育,特别是结果不利,必须严格控制。一般前期不超过 5℃,以后逐渐上升,与白天温度相配合,形成与生育时期相适应的温度条件。

2.肥水管理

准备扣膜生产的温室,秋天落叶后,要施优质厩肥 5000kg 作基肥,同时浇冻水。扣膜保温后,要同温室桃树一样,浇好 3 次水,追好 2 次肥。第一次追肥是在花开前 7~10 天,第二次在谢花后一周,每株每次用复合肥 0.5 公斤左右。两次追肥结合浇水,每两次水后 10~15 天再浇一次水,棚内相对湿度应保持在 50%~70%。

开花期喷用 0.5%硼砂 +0.4%尿素,开花后喷 0.4%尿素 +0.2%磷酸二氢钾,10 天喷 1 次,连喷 2 次。

3.采收与贮藏保鲜

(1)当地销售的,当果实充分着色,成熟时采收;远销的要在成熟以前 4~6 天采收。

(2)要随熟采收,分批采收,采收时,手攀果柄,轻摘轻放。果筐宜浅,垫软纸或泡沫塑料,以防碰伤果面。

(3)包装箱不要装得太多,一般 5~7 公斤即可。如能使用固定的小包装,一定会收到更好的效果。

(4)常温下硬果肉的品种可保鲜 7~10 天,软肉品种 5 天左右。

(5)除在正规的恒温库(－1℃低温,90%~95%的相对湿度)贮藏外,民间还有一些土办法:

①将采下的果在 1℃左右的环境下预冷，尔后运到冷窖贮藏。窖温 1℃左右,可贮存约 2 个月。

②将采摘的果装到塑料袋里扎紧口,放到冷水(水井或流动的冷水更好)中,可贮存 5~7 天。

参考文献

【1】中国农业科学院蔬菜研究所. 中国蔬菜栽培学. 北京:中国农业出版社,1987

【2】蒋德宁. 日光温室高效节能栽培技术. 北京:人民出版社,1998

【3】马占元. 日光温室实用技术大全. 石家庄:河北科学技术出版社,1997

【4】葛红英. 穴盘秧苗生产. 北京:中国林业出版社,2003

【5】赵鸿钧. 塑料大棚园艺. 北京:科学出版社,1978

【6】郭素英. 蔬菜周年栽培实用技术. 太原:山西科学技术出版社,1996

【7】陈贵林. 大棚日光温室稀特菜栽培技术. 北京:金盾出版社,2009

【8】葛晓光. 蔬菜育苗大全. 北京:中国农业出版社,1995

【9】胡永军. 寿光菜农种菜疑难问题解答. 北京:金盾出版社,2010

【10】苏贵定,李亚灵. 高效设施农业基地实用技术. 太原:山西科学技术出版社,2010

【11】裴孝伯. 温室大棚种菜技术正误精解. 北京:化工业出版社 2010

图书在版编目（C I P）数据

设施蔬菜技术讲座 / 蒋德宁主编. 一一太原：山西人民出版社，2011.6

ISBN 978-7-203-07281-2

Ⅰ. ①设… Ⅱ.①蒋… Ⅲ.①蔬菜—温室栽培—基本知识 Ⅳ.①S626.5

中国版本图书馆 CIP 数据核字（2011）第 087441 号

设施蔬菜技术讲座

主　　编：蒋德宁
责任编辑：樊　中
装帧设计：陈　婷

出 版 者：山西出版集团·山西人民出版社
地　　址：太原市建设南路 21 号
邮　　编：030012
发行营销：0351-4922220　4955996　4956039
　　　　　0351-4922127（传真）　4956038（邮购）
E-mail：sxskcb@163.com　发行部
sxskcb@126.com　总编室
网　　址：www.sxskcb.com

经 销 者：山西出版集团·山西人民出版社
承 印 者：山西百花印刷有限公司

开　　本：850mm×1168mm　1/32
印　　张：8
字　　数：186 千字
印　　数：1-15000 册
版　　次：2011 年 6 月　第 1 版
印　　次：2011 年 6 月　第 1 次印刷
书　　号：ISBN 978-7-203-07281-2
定　　价：20.00 元